大学物理通用教程　　主编　钟锡华　陈熙谋

《近代物理》内容简介

　　全套教程包括《力学》《热学》《电磁学》《光学》《近代物理》和《习题解答》.

　　《近代物理》主要涉及以相对论和量子理论为基础的物理学,其中包含着一系列重要的具有开创性的物理概念.本书从物理学的发展,传统经典物理遇到不可克服的困难,引导到相对论和量子论的必然,在此基础上再展开对于基本物理概念、规律和思考问题方法的精要阐述,对近代物理的蓬勃发展作掠影式的介绍.

　　本书结构严谨,阐述简要,风格明朗、流畅,知识面宽广,其分量大体上与讲授30学时相匹配,适合理、工、农、医和师范院系使用.

大学物理通用教程

近代物理
(第二版)

陈熙谋 编著

北京大学出版社
PEKING UNIVERSITY PRESS

图书在版编目(CIP)数据

大学物理通用教程.近代物理/陈熙谋编著.—2版.—北京:北京大学出版社,2011.5
ISBN 978-7-301-18698-5

Ⅰ.①大… Ⅱ.①陈… Ⅲ.①物理学-高等学校-教材 Ⅳ.①O4

中国版本图书馆 CIP 数据核字(2011)第 051342 号

书　　　名:	大学物理通用教程·近代物理(第二版)
著作责任者:	陈熙谋　编著
责 任 编 辑:	顾卫宇
标 准 书 号:	ISBN 978-7-301-18698-5/O·0842
出 版 发 行:	北京大学出版社
地　　　址:	北京市海淀区成府路 205 号　100871
网　　　址:	http://www.pup.cn　电子邮箱:zpup@pup.pku.edu.cn
电　　　话:	邮购部 62752015　发行部 62750672　编辑部 62752021
	出版部 62754962
印 刷 者:	河北滦县鑫华书刊印刷厂
经 销 者:	新华书店
	890 毫米×1240 毫米　A5　7.625 印张　218 千字
	2002 年 3 月第 1 版
	2011 年 5 月第 2 版　2023 年 12 月第 11 次印刷
印　　　数:	36001—43000 册(总 63001—70000)
定　　　价:	19.00 元

未经许可,不得以任何方式复制或抄袭本书之部分或全部内容。
版权所有,侵权必究
举报电话:010-62752024　电子信箱:fd@pup.pku.edu.cn

大学物理通用教程

第二版说明

这套教程自本世纪初陆续面世以来,至今已重印七次. 这第二版的主要变化是,将原《光学·近代物理》一本书改版为《光学》和《近代物理》两本书,均以两学分即 30 学时的体量来扩充内容,以适应不同专业或不同教学模块的需求.

这第二版大学物理通用教程全套包括《力学》《热学》《电磁学》《光学》《近代物理》《习题解答》. 在每本书的第二版说明中作者将给出各自修订、改动和变化之处,以便于查对.

这第二版大学物理通用教程系普通高等教育"十一五"国家级规划教材. 作者感谢广大师生多年来对本套教材赐予的许多宝贵意见和建议,感谢北京大学教材建设委员会给予本套教材建设立项的支持,感谢北京大学出版社及其编辑出色而辛勤的工作.

钟锡华　陈熙谋
2009 年 7 月 22 日日全食之日
于北京大学物理学院

《近代物理》第二版说明

本书第一版是与光学部分合在一起以《光学·近代物理》分册出版.这次修订将原来的《光学·近代物理》分册分为《光学》和《近代物理》两个分册.修订后更加明确了教材编写的指导思想,内容更加充实,视野更加开阔,教材内容的分析和阐述也更为深入和贴切.

我们的考虑主要有以下几点.

近代物理是20世纪以来发展起来的物理学的庞大的组成部分,它可延伸到许多科学技术领域.它的理论基础是相对论和量子力学.就拿量子力学来说,据统计基于量子力学发展起来的高科技产业(如激光器、半导体芯片和计算机、电视、电子通信、电子显微镜、核磁共振、核能发电等等)其产值在发达国家国民生产总值中已超过30%.科学技术发展的形势使得量子力学和相对论的基础性地位更为加强了.这就要求当今的大学物理基础课中加强量子力学的教学.除了介绍一些基本的量子概念之外,对于量子力学的理论框架和量子力学理论的特征以及量子力学思考问题的思路也应有所涉及.这样有利于学生在总体上把握近代物理的基础,在今后的工作与学习中发挥他们的智慧和创造活力.

本教材属于非物理类专业选用的教材.总的学时数不多,大约只有30学时左右.它应该与物理专业近代物理教材有所区别.物理专业的近代物理包含较为丰富的近代物理知识,为后继的理论课程量子力学以及其他后继专业课程提供必要的基础.非物理类专业不再有后继的其他物理课程,近代物理课程责无旁贷地应该担当起传授作为近代物理之基础的量子力学的重任,在有限的学时中给以较为充分的介绍,而近代物理各分支的具体知识则可相对削减些.

本书原来第一版制定的编著方针重点放在近代物理的基础相对论和量子力学,其他原子和分子、原子核、粒子和宇宙几章讲述其中少数几个问题,点出现代物理蓬勃发展的掠影,让学生领略现代物理发展的博大精深以及它对科学技术发展和人类文化发展的深远影响……应该说,这种定位是恰当的,应当坚持.这次修订将原来的"量子物理基础"一章分为"前期量子论"和"量子力学基础"两章,加强了基础部分的分析和阐述,对于物理大师们的一些原创思想以及它们突破传统观念展现无限魅力的精髓作了深入的剖析,以利于学生把握理论的实质.另外"凝聚态"是物理学研究的一个博大分支,这次修订也另辟一章作一些基本的介绍.

习题练习是物理教学不可缺少的组成部分,它们不仅帮助学生正确理解课程的内容,提高解决具体问题的能力,也开阔眼界.这次修订在"前期量子论"和"量子力学基础"两章增加了一些配合基本要求的习题,在原子和分子、凝聚态、原子核、粒子、宇宙各章也增设了一些体现基本要求的问题,供选用.

修订过程中曾同北京大学物理学院叶沿林教授、王稼军教授、高春媛、华辉、李湘庆等副教授、教师一起探讨非物理类专业的近代物理课程的教学问题,受益匪浅,特致谢意.另外也向几年来热情向我们指正的广大师生致以衷心的感谢.

陈熙谋

2010 年 12 月北京大学物理学院

大学物理通用教程

第一版序

概况与适用对象 这套大学物理通用教程分四册出版,即《力学》《热学》《电磁学》和《光学·近代物理》,共计约 130 万字. 原本是为化学系、生命科学系、力学系、数学系、地学系和计算机科学系等非物理专业的系科,所开设的物理学课程而编写的,其内容和分量大体上与一学年课程 140 学时数相匹配. 这套教程具有较大的通用性,也适用于工科、农医科和师范院校同类课程. 编写此书是希望非物理类专业的学生熟悉物理学、应用物理学,并对物理学原理是如何形成的有个较深入的理解,从而使他们意识到,物理学的学习在帮助他们提出和解决他们各自领域中的问题时所具有的价值. 为此,首先让我们大略地认识一下物理学.

物理学概述 物理学成为一门自然科学,这起始于伽利略-牛顿时代,经 350 多年的光辉历程发展到今天,物理学已经是一门宏大的有众多分支的基础科学. 这些分支是,经典力学、热学、热力学与经典统计力学、经典电磁学与经典电动力学、光学、狭义相对论与相对论力学、广义相对论与万有引力的基本理论、量子力学、量子电动力学、量子统计力学. 其中的每个分支均有自己的理论结构、概念体系和独特的数理方法. 将这些理论应用于研究不同层次的物质结构,又形成了原子物理学、原子核物理学、粒子物理学、凝聚态物理学和等离子体物理学,等等.

从而,我们可以概括地说,物理学研究物质存在的各种主要的基本形式,它们的性质、运动和转化,以及内部结构;从而认识这些结构的组元及其相互作用、运动和转化的基本规律.与自然科学的其他门类相比较,物理学既是一门实验科学,一门定量科学,又是一门崇尚理性、注重抽象思维和逻辑推理的科学,一门富有想象力的科学.正是具有了这些综合品质,物理学在诸多自然科学门类中成为一门伟大的处于先导地位的科学.

在物理学基础性研究的过程中所形成和发展起来的基本概念、基本理论、基本实验方法和精密测试技术,越来越广泛地应用于其他学科,从而产生了一系列交叉学科,诸如化学物理、生物物理、大气物理、海洋物理、地球物理和天体物理,以及电子信息科学,等等.总之,物理学以及与其他学科的互动,极大地丰富了人类对物质世界的认识,极大地推动了科学技术的创新和革命,极大地促进了社会物质生产的繁荣昌盛和人类文明的进步.

编写方针 一本教材,在内容选取、知识结构和阐述方式上与作者的学识——科学观、知识观和教学思想,是密切相关的.我们在编写这套以非物理专业的学生为对象的大学物理通用教程时,着重地明确了以下几个认识,拟作编写方针.

1. 确定了以基本概念和规律、典型现象和应用为教程的主体内容;对主体内容的阐述应当是系统的,以合乎认识逻辑或科学逻辑的理论结构铺陈主体内容.知识结构,如同人体的筋骨和脉络,是知识更好地被接受、被传承和被应用的保证,是知识生命力之本源,是知识再创新之基础.知识的力量不仅取决于其本身价值的大小,更取决于它是否被传播,以及被传播的深度和广度.而决定知识被传播的深度和广度的首要因素,乃是知识的结构和表述.

2. 然而,本课程学时总数毕竟也仅有物理专业普通物理课程的40%,故降低教学要求是必然的出路.我们认为,降低要求应当主要体现在习题训练上,即习题的数量和难度要降低,对解题的熟练程度和技巧性要求要降低.降低教学要求也体现在简化或省略某些定理证明、理论推导和数学处理上.

3. 重点选择物理专业后继理论课程和近代物理课程中某些篇

章于这套通用教程中,以使非物理专业的学生在将来应用物理学于本专业领域时,具有更强的理论背景,也使他们对物理学有更为全面和深刻的认识.《力学》中的哈密顿原理;《热学》中的经典统计和量子统计原理;《电磁学》中的电磁场理论应用于超导介质;《光学·近代物理》中的变换光学原理、相对论和量子力学,均系这一选择的结果.

4. 积极吸收现代物理学进展和学科发展前沿成果于这套通用教程中,以使它更具活力和现代气息.这在每册书中均有不少节段给予反映,在此恕不一一列举,留待每册书之作者前言中明细.值得提出的是,本教程对那些新进展新成果的介绍或论述是认真的,是充分尊重初学者的可接受性而恰当地引入和展开的.

应当写一套新的外系用的物理学教材,这在我们教研室已闲散地议论多年,终于在室主任舒幼生和王稼军的积极策划和热心推动下,得以启动并实现.北大出版社编辑周月梅和瞿定,多次同我们研讨编写方针和诸多事宜,使这套教材得以新面貌而适时面世.北大出版社曾于1989年前后,出版了一套非物理专业用普通物理学教材共四册,系我教研室包科达、胡望雨、励子伟和吴伟文等编著,它们在近十年的教学过程中发挥了很好的作用.现今这套通用教程,在编撰过程中作者充分重视并汲取前套教材的成功经验和学识.本套教材的总冠名,经多次议论最终赞赏陈秉乾教授的提议——大学物理通用教程.

一本教材,宛如一个人.初次见面,观其外表和容貌;接触多了,知其作风和性格;深入打交道,方能度其气质和品格.我们衷心期望使用这套教程的广大师生给予评论和批判.愿这套通用教程,迎着新世纪的曙光,伴你同行于科技创新的大道上,助年轻的朋友茁壮成长.

钟锡华　　陈熙谋

2000年8月8日于北京大学物理系

作者前言(第一版,节录)

……

近代物理部分包括相对论、量子物理基础以及原子和分子、原子核、粒子和宇宙等五章. 近代物理是20世纪发展起来的物理学庞大领域,它的理论基础是相对论和量子力学,而原子和分子、原子核、粒子和宇宙是近代物理发展中的几个方面. 设立这几章,讲述其中少数几个问题,不过是点出现代物理蓬勃发展的掠影,让学生领略现代物理发展的博大精深以及它对科学技术发展,对人类文化发展的深远影响,从中汲取物理思维的活力.

狭义相对论是物体运动速度趋近光速 c 的物理理论,它指明物理定律必须在洛伦兹变换下保持不变. 它的新颖的时空观以及质速关系、质能关系都是崭新的物理概念. 为了使学生对相对论崭新的物理概念有深入的认识,从实际问题中提出传统经典物理遇到不可克服的矛盾,引导到相对论的必然,在此基础上再展开相对论基本原理、时空变换、时空观以及思考问题方法的阐述是必要的. 我们所以把相对论放到电磁学和光学之后再讲述,就是出于学生有了更深入的电磁学和光学的背景知识,能对相对论是如何提出来的问题有更深入的体会,进而对相对论的学习产生更高的热情.

量子物理涉及微观研究领域,这是一个全新的研究领域,微观粒子表现出同我们熟悉的宏观物体行为非常不同的性质,如能量量子化、波粒二象性、不确定关系、隧道效应,等等. 这些同人们所熟悉的宏观物体的行为非常不同的性质是前所未闻的,有的甚至似乎是极端矛盾的. 正是由于此,对于微观粒子的运动,从基本概念、基本规律形式到思考问题的方法都表现出同传统的经典物理非常不同的品性. 因此展现微观粒子运动表现的各个方面,剖析其区别于经典物理的根源,是认识微观粒子运动的较好途径. 在这方面,它比相对论的阐述更需要深入分析. 本书作为大学普通物理教材,其目的与任务主要在于认识微观粒子运动的特征和了解运用量子力学解决具体问题的主要思路,其他更高的要求是不适宜的.

……

目 录

近代物理引言 ·· (1)

1 相对论 ··· (3)
  1.1 狭义相对论以前的力学和时空观 ································ (3)
  1.2 电磁场理论建立后呈现的新局面 ································ (7)
  1.3 爱因斯坦的假设与洛伦兹变换 ···································· (12)
  1.4 相对论的时空观 ··· (18)
  1.5 相对论多普勒效应 ··· (26)
  1.6 相对论速度变换公式 ··· (28)
  1.7 狭义相对论中的质量、能量和动量 ································ (30)
  1.8 广义相对论简介 ··· (36)
  习题 ··· (45)

2 前期量子论 ··· (49)
  2.1 黑体辐射和普朗克的量子假设 ···································· (49)
  2.2 光电效应和爱因斯坦的光子理论 ································ (56)
  2.3 康普顿效应 ··· (60)
  2.4 玻尔的氢原子理论 ··· (65)
  习题 ··· (75)

3 量子力学基础 ··· (78)
  3.1 微观粒子的波动性 ··· (78)
  3.2 波粒二象性分析 ··· (83)
  3.3 不确定关系 ··· (88)
  3.4 波函数和概率幅 ··· (95)
  3.5 态叠加原理 ··· (98)
  3.6 薛定谔方程 ··· (99)

3.7 薛定谔方程应用举例 …………………………………… (103)
3.8 薛定谔方程的若干定性讨论 …………………………… (111)
3.9 量子力学中的力学量 …………………………………… (113)
习题 ………………………………………………………… (121)

4 原子和分子 ………………………………………………… (125)
4.1 概述 ……………………………………………………… (125)
4.2 氢原子的量子力学结果 ………………………………… (126)
4.3 电子自旋和泡利原理 …………………………………… (133)
4.4 元素周期律和原子的电子壳层结构 …………………… (138)
4.5 多电子原子的能级结构和光谱 ………………………… (143)
4.6 激光原理 ………………………………………………… (149)
4.7 分子的能级和分子光谱 ………………………………… (155)
4.8 分子键联 ………………………………………………… (158)
习题 ………………………………………………………… (162)

5 凝聚态 ……………………………………………………… (163)
5.1 概述 ……………………………………………………… (163)
5.2 能带论及导体、绝缘体和半导体的区别 ……………… (163)
5.3 金属电导的量子理论 …………………………………… (168)
5.4 宏观量子现象 …………………………………………… (169)
5.5 凝聚态物理的新进展 …………………………………… (171)
习题 ………………………………………………………… (174)

6 原子核 ……………………………………………………… (175)
6.1 概述 ……………………………………………………… (175)
6.2 原子核的组成和基本性质 ……………………………… (176)
6.3 核力 ……………………………………………………… (179)
6.4 核结构模型 ……………………………………………… (182)
6.5 核的放射性衰变 ………………………………………… (184)
6.6 核反应 …………………………………………………… (191)
6.7 核裂变和核聚变 ………………………………………… (192)
习题 ………………………………………………………… (196)

7　粒子 ……………………………………………… (198)

　　7.1　概述 ………………………………………… (198)

　　7.2　相互作用与粒子分类 ………………………… (200)

　　7.3　粒子的基本性质 ……………………………… (202)

　　7.4　夸克模型 …………………………………… (205)

　　习题 ……………………………………………… (209)

8　宇宙 ……………………………………………… (210)

　　8.1　概述 ………………………………………… (210)

　　8.2　宇宙膨胀与大爆炸 …………………………… (211)

　　8.3　宇宙结局与暗物质 …………………………… (217)

　　习题 ……………………………………………… (218)

附录 A　关于波的两个反比关系 …………………… (219)

附录 B　基本物理常量 ……………………………… (221)

附录 C　元素周期表 ………………………………… (222)

部分习题答案 ……………………………………… (223)

近代物理引言

1900年4月27日英国著名的物理学家开尔文(原名威廉·汤姆孙)在不列颠皇家研究院的一篇题为《19世纪笼罩在热和光的动力论上的阴影》的演讲中说道:"在已经基本建成的科学大厦中,后辈物理学家似乎只要做一些零碎的修补工作就行了;但是,在物理学晴朗天空的远处,还有两朵令人不安的愁云."开尔文所说的两朵令人不安的愁云是指物理学中存在的两大问题,一个是以太漂移的"零结果",另一个是能量均分定理的失效.正是这两个问题掀起了物理学的深刻革命,前者导致狭义相对论的诞生,后者产生了量子理论,从而开拓了新一代的物理学,造就了20世纪和21世纪科学技术的繁荣,深远地影响了人类文化的各个方面.

狭义相对论是电磁学发展的产物,而它不仅导致时间、空间相统一的观念,深刻地改变了人们对于时间和空间的看法;而且也深刻地影响了整个物理学;物理学的基本规律必须服从相对性原理,由此决定了物理基本定律的形式.

本教程从电磁学的发展提出电磁学基本规律成立的参考系是什么的问题开始,进而阐述实验事实否定了绝对静止惯性系的存在,导致最终坚持相对性原理,并否定伽利略变换,之后在相对论的两条基本原理的基础上导出洛伦兹变换,讨论了相对论的时空观、质速关系和质能关系,等等.

广义相对论是将引力问题纳入的更广泛的相对论,它是天体物理和宇宙学的理论基础.本教程着重分析广义相对论是如何提出来的,对于广义相对论的基本思想和实验验证仅作简要介绍.

量子理论起始于黑体辐射规律的研究.为了说明黑体辐射的实验规律,普朗克不得不首次作出不连续的能量子假设.随着光电效应、氢原子光谱和康普顿效应的研究,量子概念逐步发展并深入人心.随后,德布罗意提出实物粒子的波动性并被实验证实,开始了量子物理的新篇章,薛定谔在微观粒子波粒二象性基础上建立起波动力学.另一方面稍早些海森伯、玻恩和约当等人沿着理论只应以可观测量为基础建立起来这一思想,借助于玻尔的对应原理,从经典的对电子的描述导向矩阵力学.两者从理论的本源上是同一的,从而统一而构成量子力学.从此,广阔的物理研究领域萌发,茁壮成长,蓬勃发展起来,原子物理、原子核物理、固体物理、粒子物理相继诞生和壮大,并推动其他科学技术迅猛发展.

本教程从黑体辐射、光电效应、氢原子光谱和康普顿效应等现象中经典理论遇到不可克服的困难开始,阐述量子概念逐步深入,进而提出微观粒子的波粒二象性;再由分析波粒二象性,而导致微观粒子运动区别于宏观物体运动的不同描述、运动的新特征以及独特的运动方程;通过解薛定谔方程满足标准条件自然得出能量量子化和隧道效应等微观粒子的量子特性.

相对论和量子力学是庞大的近代物理的基础,它们是本教程的重点内容.近代物理的各个分支如原子和分子,凝聚态,原子核,粒子和宇宙,本书仅讲述其中少数几个问题,点出现代物理蓬勃发展的掠影,展现现代物理发展的博大精深以及它对科学技术发展和对人类文化发展的深远影响.

1 相 对 论

1.1 狭义相对论以前的力学和时空观
1.2 电磁场理论建立后呈现的新局面
1.3 爱因斯坦的假设与洛伦兹变换
1.4 相对论的时空观
1.5 相对论多普勒效应
1.6 相对论速度变换公式
1.7 狭义相对论中的质量、能量和动量
1.8 广义相对论简介

1.1 狭义相对论以前的力学和时空观

• 伽利略变换   • 伽利略相对性原理

● 伽利略变换

狭义相对论以前的力学称为经典力学,其代表人物是牛顿,它是以牛顿三条运动定律和万有引力定律为基础、研究宏观物体低速机械运动的物理学分支,它是物理学、天文学和许多工程学的基础.

狭义相对论以前的时空观称为绝对时空观,它体现在伽利略变换中.下面我们就来考察这一点.

描述物体的运动需要选择参考系,并在参考系上建立坐标系.所谓物体的运动就是物体的空间坐标随时间的变动.我们把物体在某一时刻处于某一位置看成一个事件,事件在一参考系中的时空坐标为(x,y,z,t).物体在某一参考系中的运动就是事件的变动.显然,选择不同参考系,对事件的描述是不同的.

考虑两个相互作匀速直线运动的参考系 S 和 S',它们相应的坐标轴彼此平行,设 S' 系相对 S 系的速度为 v,沿 x 轴正方向,并且当两个参考系的坐标原点 O,O' 彼此重合时,在两个参考系中两个同样的时钟指在零点,即 $t=t'=0$,如图 1-1 所示.现在考虑一个事件在 S

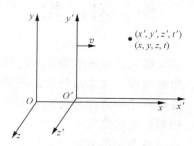

图 1-1 事件的时空坐标

系中是 t 时刻发生在 (x,y,z) 点,在 S' 系中是 t' 时刻发生在 (x',y',z') 点,那么,我们要问,事件的时空坐标 (x,y,z,t) 和 (x',y',z',t') 之间有什么关系?经典力学认为时间的流逝在所有参考系中都相同,即 $t=t'$,空间的间隔在所有参考系中也是相同的,此称为绝对时间和绝对空间.牛顿关于绝对时间和绝对空间在他的《自然哲学的数学原理》一书中有明确的阐述:"绝对的、纯粹的数学的时间,就其本性来说,均匀地流逝而与任何外在的情况无关……""绝对空间,就其本性来说,与任何外在的情况无关,始终保持着相似和不变."这就是说,时间的流逝与空间的量度同物体的存在和运动没有任何关系,时间总是就其本身而言均匀地流逝着,而空间总是空洞的框架独立地延伸着.由此容易得出

$$\begin{cases} x' = x - vt, \\ y' = y, \\ z' = z, \\ t' = t. \end{cases} \quad (1.1)$$

此称为伽利略变换.根据速度是坐标对时间的导数,

$$u_x = \frac{\mathrm{d}x}{\mathrm{d}t}, \quad u_y = \frac{\mathrm{d}y}{\mathrm{d}t}, \quad u_z = \frac{\mathrm{d}z}{\mathrm{d}t},$$

$$u'_x = \frac{\mathrm{d}x'}{\mathrm{d}t'}, \quad u'_y = \frac{\mathrm{d}y'}{\mathrm{d}t'}, \quad u'_z = \frac{\mathrm{d}z'}{\mathrm{d}t'},$$

容易得出相应的速度变换公式为

$$\begin{cases} u'_x = u_x - v, \\ u'_y = u_y, \\ u'_z = u_z. \end{cases} \tag{1.2}$$

这是原来所熟悉的,相对速度＝绝对速度－牵连速度.

- **伽利略相对性原理**

经典力学的一条基本规律是牛顿第二定律.牛顿第二定律成立的参考系叫做惯性参考系,简称惯性系.凡是相对于某一惯性系作匀速直线运动的参考系都是惯性系.在这些惯性系中,牛顿第二定律都成立,具有相同的形式.这一内容可以用伽利略相对性原理来概括.伽利略在1632年出版的著作《关于托勒密和哥白尼两大世界体系的对话》中通过地动派"萨尔维阿蒂"之口有一段生动的叙述:"把你和一些朋友关在一条大船甲板下的主舱里,再让你们带几只苍蝇、蝴蝶和其他小飞虫.舱内放一只大水碗,其中放几条鱼.然后,挂上一个水瓶,让水一滴一滴地滴到下面的一个宽口罐里.船停着不动时,你留神观察,小虫都以等速向舱内各方向飞行,鱼向各个方向随便游动,水滴滴进下面的罐子中.你把任何东西扔给你的朋友时,只要距离相等,向这一方向不必比另一方向用更多的力,你双脚齐跳,无论向哪个方向跳过的距离都相等.当你仔细地观察这些事情后,再使船以任何速度前进.只要运动是匀速的,也不忽左忽右地摆动,你将发现,所有上述现象丝毫没有变化,你也无法从其中任何一个现象来确定,船是在运动还是停着不动.即使船运动得相当快,在跳跃时,你将和以前一样,在船底板上跳过相同的距离,你跳向船尾也不会比跳向船头来得远,虽然你跳到空中时,脚下的船底板向着你跳的相反方向移动.你把不论什么东西扔给你的同伴时,不论他是在船头还是在船尾,只要你自己站在对面,你也并不需要用更多的力.水滴将像先前一样,滴进下面的罐子,一滴也不会滴向船尾.虽然水滴在空中时,船已行驶了许多拃[①].鱼在水中游向碗前部所用的力,不比游向水碗后

---

① 古代计量长度的一种单位.张开手掌时,拇指和中指间的距离叫做一拃.

部来得大;它们一样悠闲地游向放在水碗边缘任何地方的食饵.最后蝴蝶和苍蝇将继续随便地到处飞行,它们也决不会向船尾集中,并不因为它们可能长时间留在空中,脱离了船的运动,为赶上船的运动显出累的样子."这一段叙述道出了力学中的一条重要的真理,即从船中发生的任何一种力学现象,你都无法判断船究竟是在运动还是停着不动.爱因斯坦把伽利略表达的意思称为**伽利略相对性原理,即在一个惯性系的内部所作的任何力学实验都不能确定这一惯性系本身是在静止状态还是在作匀速直线运动;也就是说,一切惯性系对于描写运动的力学定律来说是完全等价的,不存在任何一个比其他惯性系更为优越的惯性系;或者说,一切惯性系中力学定律都取相同的形式**.这几种不同的表述,说明的是同一个意思.

从伽利略变换来看,伽利略相对性原理是很自然的,因为由(1.2)式可得

$$\boldsymbol{a}' = \{a_x', a_y', a_z'\} = \left\{\frac{\mathrm{d}u_x'}{\mathrm{d}t'}, \frac{\mathrm{d}u_y'}{\mathrm{d}t'}, \frac{\mathrm{d}u_z'}{\mathrm{d}t'}\right\}$$

$$= \left\{\frac{\mathrm{d}u_x}{\mathrm{d}t}, \frac{\mathrm{d}u_y}{\mathrm{d}t}, \frac{\mathrm{d}u_z}{\mathrm{d}t}\right\} = \boldsymbol{a},$$

即两个惯性系中加速度相同.此外,经典力学认为不同惯性系中观测到的力 $\boldsymbol{F}$ 和质量 m 也都相同,因此,在两个惯性系中力学运动基本定律都具有牛顿第二定律的形式,作用在质点上的合外力等于质点的质量乘以它所获得的加速度.这表明在经典力学中,牛顿第二定律、伽利略变换和伽利略相对性原理三者是自洽的、相容的,它们之间没有矛盾.

伽利略相对性原理是说不可能用力学实验确定惯性系自身的运动状态,这就意味着不可能找到绝对静止的惯性系,从而也就不可能区分物体的绝对静止和绝对运动,因此运动是相对的.然而需要指出,尽管存在着伽利略相对性原理,不可能用力学实验确定惯性系自身的运动状态,但牛顿相信存在绝对的运动和绝对的静止.他相信存在一个绝对静止的惯性系,其他的惯性系都相对它作匀速直线运动,相对于它为静止的物体是绝对静止,而相对其他惯性系为静止的物体,其实在作绝对运动.

1.2 电磁场理论建立后呈现的新局面

- 提出的新问题
- 迈克耳孙-莫雷实验
- 爱因斯坦的选择

● 提出的新问题

1865 年麦克斯韦建立了描述电磁现象的方程组,称为麦克斯韦方程组. 于是可以提出问题,麦克斯韦方程组适合于什么参考系? 麦克斯韦方程组的一个重要推论是存在电磁波,电磁场的变化以波的形式传播. 真空中自由电磁波满足的波动方程为

$$\nabla^2 \boldsymbol{E} - \frac{1}{c^2}\frac{\partial^2 \boldsymbol{E}}{\partial t^2} = 0,$$

$$\nabla^2 \boldsymbol{H} - \frac{1}{c^2}\frac{\partial^2 \boldsymbol{H}}{\partial t^2} = 0,$$

式中 c 是真空中的电磁波波速,$c = \frac{1}{\sqrt{\varepsilon_0 \mu_0}} \approx 3.0 \times 10^8$ m/s. 从伽利略变换来看,电磁波的传播显然不满足相对性原理,因为根据速度变换公式(1.2)式,如果电磁波在某一惯性系 S 中沿各方向的传播速度为 c,则在相对 S 系速度为 v 的另一惯性系 S' 中,在 v 方向上电磁波的传播速度为 $c-v$,在 $-v$ 方向上电磁波的传播速度为 $c+v$,这表明在 S' 系中电磁波沿各方向传播速度不同. 也就是说描述同一电磁过程,S 系和 S' 系是不等效的,在 S 系中电磁波的传播速度各向同性,大小均为 c;而所有相对于 S 系运动的其他 S' 系中,电磁波的传播速度不具备各向同性的性质. 那么,S 系具有特殊的意义,它可以被认为是绝对静止的,称为绝对惯性系,其他惯性系相对于它,都是运动的,作绝对运动.

附带说明,绝对惯性系又叫做以太系. 在光波的早期研究中,设想与机械波的传播需要介质一样,光波传播需要的介质就是以太,光波就是以太中振动的传播. 物理学家曾设想以太的一些性质,它存在真空中,又能穿透任何透明物质,因而其密度一定很小;光是横波,以

太具有切变模量,而且光的传播速度很大,则以太的切变模量很大;等等.这些性质是相互矛盾的,很难想象.直到麦克斯韦电磁场理论建立以后,才清楚电磁波就是变化电磁场的传播,人们设想的以太,以及赋予以太的种种力学性质都是不必要的,因而以太概念被放弃了,仅仅保留了作为绝对惯性系的称呼.

这样,在力学中无法探测和证实的绝对惯性系在电磁理论面前又复活了.摆在物理学家面前的课题就是用电磁学的或光学的实验方法找出这一绝对惯性系,或者说测出我们的地球参考系相对于绝对惯性系(以太系)的速度有多大.

- **迈克耳孙-莫雷实验**

当时,用电磁学或光学的方法探测和观测绝对惯性系的实验有好几个,其中最精确最著名的一个是迈克耳孙-莫雷实验.

1881 年迈克耳孙用他发明的迈克耳孙干涉仪来作实验. 如图 1-2,设地球相对于以太系的速度为 v,方向沿干涉仪的一臂 G_1M_2,或者说地球上的观察者感受到的以太风速向左为 v. 考虑光沿 G_1M_2 支路的传播,由于光波在绝对惯性系中的传播速度沿各方向都是 c,而地球相对于绝对惯性系的速度向右为 v,则在地球上的观察者来看,光从 G_1 到 M_2 的速度为 $c-v$,从 M_2 返回 G_1 的速度为 $c+v$. 因此光在 G_1M_2 上来回所需要的时间为

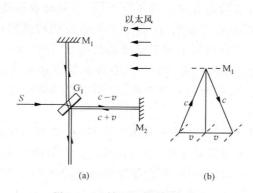

图 1-2 迈克耳孙-莫雷实验原理

$$t_2 = \frac{l}{c-v} + \frac{l}{c+v} = \frac{2cl}{c^2-v^2} = \frac{2l}{c}\frac{1}{1-\frac{v^2}{c^2}},$$

式中 l 是 G_1 到 M_2 的距离. 现在考虑光沿 G_1M_1 支路的传播, 从以太系来看, 光行进的路径是两个直角三角形的斜边, 如图 1-2(b) 所示, 光沿此斜边的速度是 c, 地球相对于以太系的速度, 亦即干涉仪移动速度 v 沿直角三角形的一个直角边, 那么在地球上看光沿 G_1M_1 来回的速度都是 $\sqrt{c^2-v^2}$, 于是, 光在 G_1M_1 上来回所需的时间为

$$t_1 = \frac{2l}{\sqrt{c^2-v^2}} = \frac{2l}{c}\frac{1}{\left(1-\frac{v^2}{c^2}\right)^{1/2}},$$

式中 l 是 G_1 到 M_1 的距离, 它与 G_1 到 M_2 的距离差不多相等. 两束光波重叠时滞后的时间差为 $\Delta t = t_2 - t_1$, 相应的光程差为

$$\Delta = c\Delta t = c(t_2 - t_1) = 2l\left(\frac{1}{1-\frac{v^2}{c^2}} - \frac{1}{\sqrt{1-\frac{v^2}{c^2}}}\right)$$

上式中分母按二项式级数展开, 得

$$\Delta = 2l\left[\left(1+\frac{v^2}{c^2}+\cdots\right) - \left(1+\frac{v^2}{2c^2}+\cdots\right)\right] = l\frac{v^2}{c^2}.$$

实验中将干涉仪绕竖直轴旋转 $90°$, 干涉仪的两条支路的地位互换, 滞后的时间差和光程差改变符号, 结果引起干涉条纹移动. 干涉条纹移动数为

$$\Delta N = \frac{2\Delta}{\lambda} = \frac{2l}{\lambda}\left(\frac{v}{c}\right)^2.$$

因此, 如果实验中测出干涉条纹的移动数, 就可以由此算出地球相对以太系的速度, 从而探测到绝对惯性系.

我们先估算一下干涉条纹的移动数可能有多大. 1881 年迈克耳孙首次实验中采用的数据大致如下: $l = 1.2$ m, 光源为钠黄光, $\lambda = 5.9 \times 10^{-7}$ m. 地球公转与自转引起的速度估计为 $v = 30$ km/s, 由此算出 $\Delta N = 0.04$. 这从迈克耳孙设计制造的干涉仪的精度上来看, 大致是可以观测出来的, 结果实验中没有观测到, 只观察到比这预期小

得多的不规则移动.

1887 年迈克耳孙和莫雷(E. W. Morley)合作改进了干涉仪,如图 1-3 所示,光路多次反射延长到 $l=11$ m,整个干涉仪安置在一块大石板上,石板浮在水银槽上可自由地旋转,这和 1881 年的装置相比,稳定性大为改善,精确度也有很大的提高,可观测的干涉条纹移动数估计可达 0.4,这一预期的条纹移动数肯定是能够观察到的,结果实验中仍然没有观测到干涉条纹的明显移动.以后仪器进一步改进,并在不同季节和地球上不同地方多次实验都得到相同的否定结果,这似乎得出地球相对于以太系的运动速度恒为零.这一结果非常意外,而且也是完全不能接受的,因为接受它就意味着回到中世纪神学所主张的地球是宇宙的中心,万物都围绕地球旋转.

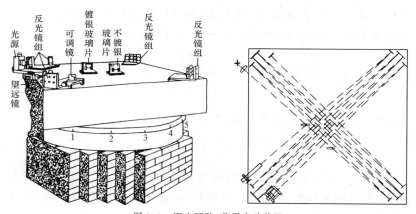

图 1-3　迈克耳孙-莫雷实验装置

物理学家作了许多努力来解释迈克耳孙-莫雷实验的否定结果,以拯救以太,如光传播速度依赖于光源的速度,地球的运动带动附近的以太运动,运动物体在运动方向上收缩,等等.但是作了这样的假设,虽然有可能解释迈克耳孙-莫雷实验中的否定结果,却又与其他的实验或天文观测相矛盾.问题是没有一种理论能够协调全部实验和天文观测事实,这里深刻地反映了伽利略变换、相对性原理和麦克斯韦电磁理论三者的不和谐.

1.2 电磁场理论建立后呈现的新局面

• **爱因斯坦的选择**

面对伽利略变换、相对性原理和麦克斯韦电磁理论三者之间的不和谐,不同的物理学家作出不同的选择:

(1) 大多数物理学家相信伽利略变换和麦克斯韦电磁理论是正确的,而相对性原理仅适用于力学,不适用于电磁学,因而它不是自然界的普遍原理,对于电磁学而言,应该存在一个优越的绝对静止的惯性系.迈克耳孙-莫雷实验探测以太系的否定结果给这种选择致命的打击.

(2) 一部分物理学家认为可能麦克斯韦电磁理论还不够完善,还需要改造以符合相对性原理.然而麦克斯韦电磁理论应用广泛又极其精确,使得这种选择没有任何进展.

(3) 唯有爱因斯坦坚信麦克斯韦电磁理论是正确的,相对性原理是适用于力学和电磁学的普遍原理,而伽利略变换必须抛弃.

爱因斯坦 16 岁时,读到一本有关自然科学的书,书中谈到了关于光速的问题,他产生了一个奇想.倘使一个人以光速 c 跟着光波奔跑,他看到的世界将是一幅怎样的景象?这个问题长时间缠绕着他.按照传统的理解,伽利略变换是正确的,由于观察者同波峰波谷以相同的速度一起运动,观察者看到的光波将是像冻结的海浪一样的景象.然而这种图景难以与他的直觉经验相协调,也与麦克斯韦电磁理论不符,他相信一切都应当像一个相对地球静止的观察者看到的那样,按照相同的定律进行,也就是说相对性原理应该是普遍成立的,因此应该抛弃伽利略变换.那么伽利略变换究竟错在哪里呢?他仔细地分析伽利略变换中的时间空间概念,他领悟到伽利略变换中牛顿绝对时空观原来是头脑中的抽象推测,并没有实验事实的支持.他接受马赫的思想:"凡不能由实验证实的概念和陈述,都不应在物理学中占有任何地位."于是他坚决抛弃了当时物理学家们顽固信守的伽利略变换,寻找与相对性原理和麦克斯韦电磁理论和谐一致的新的时空变换.

1.3 爱因斯坦的假设与洛伦兹变换

· 爱因斯坦的假设   · 洛伦兹变换

● **爱因斯坦的假设**

为了得出能与相对性原理和麦克斯韦电磁理论和谐一致的新的时空变换,爱因斯坦作了两条基本假设.

（1）**狭义相对性原理:物理定律在一切惯性系中都取相同形式**.

爱因斯坦从那些试图证实地球相对于"光介质"运动的实验的失败中认识到,这绝不是偶然的,这正说明绝对静止参考系是不存在的,相对性原理不仅对于力学,而且对于电磁学,亦即对整个物理学都是成立的.因此一切惯性系对于物理规律(不仅是力学规律)来说是完全等价的,不存在任何一个惯性系比其他惯性系更为优越;在一个惯性系内部所作的任何物理实验(不仅是力学实验)都不能确定惯性系本身的运动状态.

（2）**光速不变原理:光在真空中的传播速度 c 是一个普适恒量,与光源的速度无关**.

必须指出,认识到"光速不变原理"或"光速的绝对性",是狭义相对论建立最困难的物理观念的突破.在爱因斯坦之前,杰出的数学家庞加莱(H. Poincaré)已经正确地阐述了相对性原理,他甚至推测真空中的光速可能是常数,而且可能是极限速度,他已经很接近狭义相对论;而唯有爱因斯坦不仅认识到相对性原理的普适性,而且认识到光速 c 的普适性,从而在两者的基础上建立了狭义相对论.

认识到光速不变原理是爱因斯坦的伟大创造,是爱因斯坦深邃洞察力的结果.他是从同时性概念的分析中得到光速普适性的.爱因斯坦在他 1905 年发表的论文《论动体的电动力学》中指出:"我们应当考虑到:凡是我们有关时间在里面起作用的一切判断,总是关于**同时的事件**的判断.比如我说,'那列火车 7 点钟到达这里',这大概是说:'我的表的短针指到 7 同火车的到达是同时的事件.'"

这似乎是极其简单明了的事情. 但是爱因斯坦接着指出, 这如同描述某物体的运动, 如果我们想要建立发生在不同地点的事件之间的时间关系, 就会产生一个严重的问题. 例如, 我们测量某个物体的速度, 要记下它在时刻 t_1 的位置 r_1 和时刻 t_2 的位置 r_2. 于是 $v = \dfrac{r_2 - r_1}{t_2 - t_1}$. 我们必须用一只时钟读出与物体到达 r_1 同时的时刻 t_1, 再利用另一只钟读出与物体到达 r_2 同时的时刻 t_2. 应该注意我们只是建立了 1 处的钟的时间和 2 处的钟的时间, 如果不能建立两个不同地点的钟的公共时间, 我们的观测就毫无意义, 因此我们应先校准两地的公共时间. 假如我们能够发射速度无限大的信号, 就不会出现问题, 可是我们没有速度无限大的信号, 而只有速度有限的电磁信号.

为了校准不同地点的两只钟, 需要知道光信号的单向速度; 而为了要知道信号的单向速度, 则需要不同地点两个事先校准好的钟. 于是就出现了钟的校准与校钟信号的单向速度是互为前提的逻辑循环问题. 我们似乎走入了绝境.

我们看到爱因斯坦一方面阐明了从同时性概念建立公共时间这个问题的极端重要性; 另一方面他又明确地指出建立公共时间问题的两难局面. 为了求得问题的解决, 只能通过定义把光从 A 到 B 所需的时间规定等于它从 B 到 A 所需的时间, 我们才能够定义 A 和 B 的公共时间. 由此爱因斯坦提出了光速不变的基本假设. 这是他坚信麦克斯韦电磁理论和相对性原理的结果. 既然麦克斯韦电磁理论是正确的, 相对性原理是普遍的, 那么就必须承认电磁波的传播速度对所有惯性系都是光速 c. 光速 c 具有绝对性.

由于钟的校准与校钟信号的单向速度互为前提, 原则上单向光速是无法用实验独立测量的, 因此单向光速的各向同性只能是一个不能用实验证明的科学假定. 1905 年狭义相对论问世以来, 物理学家曾使用不同的实验装置和技术, 在回路 (双程) 情形下观测过不同频率的电磁波和光波, 结果是在实验精度内都与光速不变原理相符.

直到现如今光速 c 的普适性仍然引起不少初学者的怀疑, 它成为学习狭义相对论的拦路虎. 不断有人提问, 两个彼此作相对匀速运动的惯性系, 在一个惯性系中从原点发出的光波, 由于光速 c 的普适性,观察者观察到它以球面形式向外传播,在另一个惯性系中从原点发出的光波,观察者观察到的怎么可能也是以球面形式向外传播?由此他们断言,两个基本假设必定是矛盾的.其实这完全是在他的潜意识里仍然存留着伽利略变换的观念在作怪.一旦抛弃了伽利略变换,上述表观矛盾不复存在,接受狭义相对论也就不是困难的事了.

下面我们提供一个天文观测事例来说明光速并不遵从伽利略速度合成律而显示出光速 c 的普适性.900 多年前,我国史籍《宋会要》记载的一次超新星爆发(现今成为著名的蟹状星云)就是一个很好的例证.记载云:"嘉祐元年三月,司天监言,客星没,客去之兆也.初,至和元年五月晨出东方,守天关,昼见如太白,芒角四出,色赤白,凡见二十三日."其大意是,负责观测天象的官员(司天监)称,超新星(客星)最初出现于公元 1054 年(北宋至和元年)5 月,位置在金牛座 ζ 星(天关)附近,白天看起来如同金星(太白),呈红白色,光芒四射,可见达 23 日.到 1056 年(嘉祐元年)3 月,这一"客星"才隐没,历时 22 个月.从近代观点看来,超新星爆发,它的外围物质向四面八方飞散,如图 1-4 所示,有些爆发向地球运动,有些向侧向运动.如果伽利略变换是正确的,则朝向地球运动的发光爆发物发出的光到达地球的时间是 $t=L/(c+u)$,而侧向运动的发光爆发物发出的光到达地球的时间是 $t'=L/c$,式中 u 是爆发物的速度,L 是超新星与地球之间的距离.根据天文观测资料,$L=6300$ 光年,$u=1500$ km/s,容易算出两者的时间差

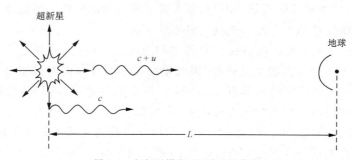

图 1-4 超新星爆发过程中光的传播

$$t'-t = \frac{L}{c} - \frac{L}{c+u} = \frac{L}{c}\frac{1}{1+\dfrac{u}{c}}\frac{u}{c} \approx 31.5 \text{ 年},$$

这就是说,即使超新星爆发是瞬间的,地球上至少也要在 31.5 年里都可以看到超新星爆发之时所产生的强光. 然而历史记载明明白白的是白昼"凡见 23 日",不到两年的时间里就看不见了. 这就说明上面依据伽利略变换的推算是有问题的. 结论应该是光速与发光物体本身的速度无关,光速不遵从伽利略速度合成律.

爱因斯坦根据这两条狭义相对论基本原理,导出新的时空变换,这就是洛伦兹变换.

• 洛伦兹变换

洛伦兹变换原来是洛伦兹首先得到的. 洛伦兹不是相对论者,他相信存在绝对静止的惯性系,他是在存在绝对静止惯性系的前提下,考虑物体因运动而发生收缩的物质过程,引入"地方时"概念而得到洛伦兹变换的. 爱因斯坦与他不同,爱因斯坦从一开始就从狭义相对性原理和光速不变原理导出洛伦兹变换,使得它成为狭义相对论中具有基础地位的关系式.

设一个事件在两个惯性系 S 和 S' 中的时空坐标分别为 (x,y,z,t) 和 (x',y',z',t'). 首先,根据狭义相对性原理,这两个惯性系是完全等价的,因此 S 系和 S' 系之间时空坐标的变换必定是线性变换,即

$$\begin{cases} x' = a_{11}x + a_{12}y + a_{13}z + a_{14}t, \\ y' = a_{21}x + a_{22}y + a_{23}z + a_{24}t, \\ z' = a_{31}x + a_{32}y + a_{33}z + a_{34}t, \\ t' = a_{41}x + a_{42}y + a_{43}z + a_{44}t. \end{cases} \quad (1.3)$$

这可以如下来看,只有在线性变换下,才能保证在 S 系中的匀速直线运动变换到 S' 系中仍然是匀速直线运动; 我们也可以这样来看,由于 S 系和 S' 系是等价的,从 S 系到 S' 系的变换与从 S' 系到 S 系的变换应是相同性质的变换,因此变换必须是线性变换,只有线性变换的逆变换仍然是线性变换.

为了简化，考虑一种简单情形，两个惯性系的相应坐标轴彼此平行，运动仅在 x 轴方向上，S' 系相对于 S 系的速度为 v，沿 x 轴正方向，且当 $t=t'=0$ 时，两坐标系的原点重合，于是上述线性变换简化为

$$\begin{cases} x' = \alpha_{11}x + \alpha_{14}t, \\ y' = y, \\ z' = z, \\ t' = \alpha_{41}x + \alpha_{44}t. \end{cases} \tag{1.4}$$

其次，考虑 $t=t'=0$ 的开始时，从坐标原点发射出一光波，根据光速不变原理，在 S 系中，此光波以光速 c 向各方向传播，经过时间 t，光波传播到达的位置满足一球面方程

$$x^2 + y^2 + z^2 - c^2t^2 = 0, \tag{1.5}$$

同样在 S' 系中，此光波以光速 c 向各方向传播，经过时间 t'，光波传播到达的位置满足球面方程

$$x'^2 + y'^2 + z'^2 - c^2t'^2 = 0. \tag{1.6}$$

(1.5)式和(1.6)式是必须同时满足的两个方程. 将(1.4)式代入(1.6)式，考虑到(1.5)式，并且对任意 x,y,z,t 都成立，则有

$$\begin{cases} \alpha_{11}^2 - c^2\alpha_{41}^2 = 1, \\ \alpha_{11}\alpha_{14} - c^2\alpha_{41}\alpha_{44} = 0, \\ \alpha_{14}^2 - c^2\alpha_{44}^2 = -c^2. \end{cases} \tag{1.7}$$

此外，考虑 S' 系的原点 O' 在 S 系中的坐标为

$$x = -\frac{\alpha_{14}}{\alpha_{11}}t,$$

对 t 求导数即得 O' 点相对于 S 系的速度，也就是 S' 系相对 S 系的速度 v，有

$$v = -\frac{\alpha_{14}}{\alpha_{11}}. \tag{1.8}$$

从(1.7)式和(1.8)式联立可解出

$$\alpha_{11} = \frac{1}{\sqrt{1-\frac{v^2}{c^2}}}, \qquad \alpha_{14} = \frac{-v}{\sqrt{1-\frac{v^2}{c^2}}},$$

$$\alpha_{41} = \frac{-v/c^2}{\sqrt{1-\frac{v^2}{c^2}}}, \quad \alpha_{44} = \frac{1}{\sqrt{1-\frac{v^2}{c^2}}}.$$

将此结果代入(1.4)式,即得洛伦兹变换

$$\begin{cases} x' = \dfrac{x-vt}{\sqrt{1-\beta^2}}, \\ y' = y, \\ z' = z, \\ t' = \dfrac{t-\dfrac{v}{c^2}x}{\sqrt{1-\beta^2}}, \end{cases} \quad (1.9)$$

式中 $\beta = \dfrac{v}{c}$.

下面对洛伦兹变换作几点说明:

(1) 洛伦兹变换是一个事件在两个惯性系的时空坐标之间的变换.(1.9)式形式的变换公式所对应的情形如下,两个惯性系的相应坐标轴彼此平行,S'系相对于 S 系的速度为 v,沿 x 轴正向,且当 $t=t'=0$ 时,两坐标系的原点重合.如果情形不同,则变换公式的形式不同.

(2) (1.9)式是由 S 系到 S' 系的变换公式.通常 S 系又称为静系,S'系又称为动系,因此(1.9)式是静系到动系的变换,而动系到静系的变换为其逆变换,可由(1.9)式解出

$$\begin{cases} x = \dfrac{x'+vt'}{\sqrt{1-\beta^2}}, \\ y = y', \\ z = z', \\ t = \dfrac{t'+\dfrac{v}{c^2}x'}{\sqrt{1-\beta^2}}. \end{cases} \quad (1.10)$$

此变换式也可以由下述方法得到,把 S 系看成动系,把 S'系看成静系,S 系相对于 S'系的速度为 $-v$,直接代入(1.9)式得到.

(3) 当速度 v 远小于光速 c,且观察范围不是非常大时,洛伦兹

变换化为伽利略变换,因此伽利略变换是洛沦兹变换低速下的极限情形. 这里我们可以看出与经典情形不同, 在狭义相对论中从一开始空间和时间的变换就是紧密联系在一起的; 而且 v 不可能大于 c, 否则分母为虚数, 没有意义, 这说明光速 c 是速度极限.

1.4 相对论的时空观

• 同时性的相对性　　　• 长度的相对性　　　• 时间的相对性

● **同时性的相对性**

狭义相对论抛弃了伽利略变换, 因而它也就抛弃了牛顿的绝对时间和绝对空间的观念, 它带来了关于时空观念的根本变革. 这些新的时空观都体现在洛伦兹变换中, 而同时性的相对性是狭义相对论的一个基本概念, 时空的许多新特性都与同时性概念有关, 而且, 学习狭义相对论中产生的一些似是而非的问题也大都与同时性概念模糊有关.

我们这里所说的"同时"是异地两事件的"同时", 按照狭义相对论, 同时性是相对的, 在一个惯性系看来两个异地事件是同时发生的, 则在另一个惯性系看来它们不是同时发生的.

我们要比较异地的两个事件是否同时, 如前所述需要将异地的两只钟(两只完好的相同性能的钟)事先校准同步. 这样当两事件分别在两钟指示的相同时刻发生, 则它们是同时的, 若 $t_1 < t_2$, 则事件 1 早于事件 2 发生. 那么, 我们怎样校准异地的两只钟呢? 我们不能把两只钟放在一起校准, 然后再移到各自的位置上, 因为移动钟的过程中时钟走的快慢是否会变化是不得而知的. 只有一种办法来校准异地的钟, 那就是利用光信号的传播. 光的传播速度是恒量 c, 设在 x_1 的钟当指零时发出一光信号, 光信号到达 x_2 所需的时间 $\Delta t = (x_2 - x_1)/c$, 当 x_2 处的观察者一接收到光信号, 就把自己的钟拨在 Δt 处, 这样两只钟就校准同步了. 在洛伦兹变换中的 t 都是指已经校准好的钟所指示的时间, 并且在惯性系中每个空间点有一只校准好的钟.

现在考虑两个事件. 设事件 1 在两个惯性系 S 和 S' 中的时空坐

标分别为(x_1,t_1)和(x_1',t_1'),事件 2 在两个惯性系 S 和 S' 中的时空坐标分别为(x_2,t_2)和(x_2',t_2'),根据洛伦兹变换(1.9)式,有

$$t_2' - t_1' = \frac{(t_2-t_1) - \frac{v}{c^2}(x_2-x_1)}{\sqrt{1-\frac{v^2}{c^2}}}, \tag{1.11}$$

由此式可以看出,两个对于 S 系为同时的异地事件,$t_2 = t_1$,对于 S' 系并不是同时的. 当 $x_2 > x_1$ 时,则 $t_2' - t_1' < 0$,即在 S' 系中事件 2 早于事件 1 发生,所早的时间为 $v(x_2-x_1)/c^2\sqrt{1-\beta^2}$. 反之,在 S' 系中是同时发生的两个事件,$t_2' = t_1'$,则在 S 系看来不是同时的,$t_2 - t_1 > 0$,即事件 1 早于事件 2 发生,所早的时间为 $v(x_2-x_1)/c^2$.

不仅如此,在不同的惯性系中,事件的时间顺序还可以倒过来. 由(1.11)式可知,两事件时间顺序倒过来,即(t_2-t_1) 和 $(t_2'-t_1')$ 的符号相反,其条件是 $t_2 - t_1 > 0$,但 $t_2 - t_1 - \frac{v}{c^2}(x_2-x_1) < 0$,也就是

$$t_2 - t_1 < \frac{v}{c^2}(x_2-x_1)$$

或

$$v\frac{x_2-x_1}{t_2-t_1} > c^2, \tag{1.12}$$

这就是在两个惯性系中时间顺序发生颠倒的两个事件的时空坐标应满足的条件. 在此条件下,若在 S 系中事件 1 早于事件 2 发生,即 $t_2 - t_1 > 0$,则 $t_2' - t_1' < 0$,即在 S' 系中事件 2 早于事件 1 发生.

这里似乎存在一个问题,同时性的相对性会不会破坏因果律? 我们知道有些事件是有因果联系的,它们之间的时间顺序,即前因后果是不容颠倒的,例如出生和死亡,起飞和降落,信息的发送和接收,等等,这些事件的时序颠倒显然是荒谬的. 对于这些一对对的事件必然存在可用实际信号传递信息. 而实际信号的最大传递速度是真空光速 c,因此,$\frac{x_2-x_1}{t_2-t_1} < c$,即这一对对的事件的时空坐标显然不满足(1.12)式,也就是说有因果联系的事件不会发生时序的颠倒.

• 长度的相对性

根据洛伦兹变换,可以得出长度的相对性,即不同的惯性系中空间的尺度具有相对性,运动的长度缩短.

考虑一根静止的杆长度为 l_0,当其沿长度方向以速度 v 运动时,其长度如何? 在杆上立一个坐标系 S',杆相对于 S' 系为静止,因此在 S' 系测量杆的长度为 $l_0 = x_2' - x_1'$. S' 系相对 S 的速度为 v. 在 S 系中测量运动杆的长度 $l = x_2 - x_1$. 应该注意,在 S 系中是以静止的尺测量运动的杆的长度,显然应该**同时**用尺比较杆的两个端点,否则测量没有意义. 因此把比较杆的两个端点看作两个事件,这两个事件在 S 系中的时空坐标为 (x_1, t_1) 和 (x_2, t_2),有 $t_1 = t_2$. 于是根据洛伦兹变换有

$$x_1' = \frac{x_1 - vt_1}{\sqrt{1-\beta^2}}, \qquad x_2' = \frac{x_2 - vt_2}{\sqrt{1-\beta^2}},$$

所以

$$x_2' - x_1' = \frac{x_2 - x_1}{\sqrt{1-\beta^2}},$$

即

$$l_0 = \frac{l}{\sqrt{1-\beta^2}} \quad \text{或} \quad l = l_0 \sqrt{1-\beta^2}. \tag{1.13}$$

(1.13)式表明运动的杆的长度比静止时要缩短. 这里有一个问题,由于同时性是相对的,在 S 系中同时测量杆的两端,在 S' 系中这两个测量事件则不可能是同时的,这是否会产生问题? 不会产生问题,因为杆相对 S' 系是静止的,而用静止的尺测量静止的杆的长度,什么时候去比较两个端点是没有关系的,无须同时.

相对于一个惯性系静止的杆尺的长度称为杆尺的固有长度,杆尺的固有长度最长.

下面再进一步说明几点:

(1) 运动的长度缩短仅在运动方向上发生,而且只有当速度 v 接近光速时,缩短才明显,例如 $l_0 = 10\,\text{m}$, $v = 0.6c$,则 $l = 8\,\text{m}$.

(2) 在爱因斯坦提出狭义相对论之前,洛伦兹为了解释迈克耳孙-莫雷实验的否定结果,曾提出运动长度收缩(也称为洛伦兹收

缩),从而得到洛伦兹变换.他的基本思想是认为存在绝对静止的惯性系,但是不幸的是运动的物体要收缩,因而迈克耳孙-莫雷实验中观察不到干涉条纹的移动.洛伦兹把收缩看成是物体运动的一种属性,一种物质的动力学过程.洛伦兹的理论不能解释其他的实验事实而被放弃,在狭义相对论中,洛伦兹收缩看成是空间的属性,不仅运动的杆收缩,空间任意两点之间的距离也因运动而缩短.

(3) 正因为收缩是空间的属性,而运动是相对的,因此收缩是相对的.上面我们已经考查了相对 S' 系静止的杆长为 l_0. 在 S 系中测量该杆缩短了;现在我们考查相对 S 系静止的杆长为 $l_0 = x_2 - x_1$,在 S' 系中 $l' = x_2' - x_1'$ 又为多少? 应该注意,现在在 S' 系中看,杆是运动的,因此必须在 S' 系中同时测量杆的两个端点,即 $t_1' = t_2'$. 于是根据洛伦兹变换(1.9)式

$$t_1' = \frac{t_1 - \frac{v}{c^2}x_1}{\sqrt{1-\beta^2}}, \quad t_2' = \frac{t_2 - \frac{v}{c^2}x_2}{\sqrt{1-\beta^2}},$$

所以

$$t_1 - \frac{v}{c^2}x_1 = t_2 - \frac{v}{c^2}x_2 \quad \text{或} \quad t_2 - t_1 = \frac{v}{c^2}(x_2 - x_1). \quad (1.14)$$

$t_2 - t_1$ 是当 S' 系中同时测量杆两端,在 S 系中的时间差. 又

$$x_1' = \frac{x_1 - vt_1}{\sqrt{1-\beta^2}}, \quad x_2' = \frac{x_2 - vt_2}{\sqrt{1-\beta^2}},$$

所以
$$x_2' - x_1' = \frac{(x_2 - x_1) - v(t_2 - t_1)}{\sqrt{1-\beta^2}}.$$

代入(1.14)式得

$$x_2' - x_1' = (x_2 - x_1)\sqrt{1-\beta^2},$$

即
$$l' = l_0\sqrt{1-\beta^2}.$$

的确,此式表明相对 S 系静止的杆,在 S' 系中是运动的杆,它缩短了. 收缩是相对的,只有这样才与相对性原理是一致的.

例 我们分析一个有趣的例子. 一列火车与隧道一样长,火车以接近光速的高速行驶过隧道. 有一天隧道看守人与火车司机发生了争论. 隧道看守人说:"火车在运动,由于洛伦兹收缩而比隧道短,因

此必定有一个时刻,火车全部处于隧道之中."火车司机则反驳说:"不然.在我看来,隧道相对我运动,由于洛伦兹收缩而比火车短,因此火车决不可能在某一时刻全部处于隧道之中,倒是可能存在某一时刻,火车的首尾在隧道的外面."他们争论得谁也不能说服谁.他们继而引用实验来证明自己的观点.火车司机说:"我可以在火车的首尾各安装一个升空火箭,当火车的中点到达隧道的中点时,可同时点燃两个火箭,它们同时沿竖直方向在隧道外腾空飞起,证明我的观点正确."隧道看守人则说:"我可以在隧道两端分别安装定时铁门,当你的火车的中点到达隧道中点时,可同时关上两扇铁门将火车关在隧道内,可见我的观点正确."你觉得隧道看守人和火车司机两人叙述得怎样?他们叙述的实验如何?问题的症结在哪里?

按照上面所述的相对论原理,隧道看守人和火车司机从各自惯性系得出的结论都是正确的,他们叙述的实验结果也是正确的.于是似乎产生了一个问题:在这里,隧道和火车究竟谁缩短了?

其实问题的症结在同时性的相对性,按照相对论,同时性是相对的,如在一个惯性系看来两个异地事件是同时发生的,则在另一个惯性系看来它们不是同时发生的.在火车司机叙述的首尾两个火箭同时腾空飞起的实验中,在隧道看守人看来,它们不是同时升空的,而是先点燃尾部火箭,火车首部驶出隧道再点燃首部火箭,因此两个火箭都在隧道外升空;同样在隧道看守人叙述的实验中,火车司机看来,隧道两端的关门动作不是同时的,而是在火车未到达时先关前门(为了避免与门相撞,随即打开前门),火车驶过隧道,再有关后门的动作.细致的具体结果都可以根据洛伦兹变换加以计算.

以上分析清楚地说明动尺收缩是与同时性的相对性概念联系在一起的,它是时空的属性,而不是运动物体的动力学性质,不是一种物质过程.因此,提问"究竟谁缩短了"是错误的.

(4) 上述讨论似乎告诉我们,一个高速行驶的观察者观察到的周围的世界是一个缩扁的世界,在过去的相对论书籍和一些通俗读物中是这样说的,其实不是这样的.直到爱因斯坦发表狭义相对论五十多年后1959年才有人指出,应注意到测量与观察有一点很大的不同,在测量时要求同时测量物体的两端,而观察是同时接收到达眼的光(用相机来记录,也是其快门控制了同时到达底片的光),因此观察时接收到的光是不同时刻发射出来的,离观察者较远的点发出的光是较早时刻发射的,离观察者较近的点发出的光则是较晚时刻发射的,在这里要同时考虑动尺收缩和光传播的综合效果. 现在考虑一个边长为 1 单位的立方体,观察者在很远的地方观察,图 1-5 是它的俯视图,上方还画有正视图. 当立方体相对观察者静止时,只能看到 bc 面,a 点发出的光观察者是接收不到的. 当立方体沿着 bc 方向以高速 v 运动时,一方面 bc 的长度收缩为 $\sqrt{1-\beta^2}$,另一方面观察者可以接收到 a 点来的光,由于"同时到达眼",a 点发出的光要比 b 点发出的光早 $\dfrac{1}{c}$ 秒,这时立方体向前移动了 $v \cdot \dfrac{1}{c} = \beta$ 的距离. 观察者还可以看到 ab 面. 综合起来,远处观察者可同时观察到立方体的 ab 和 bc 两个面,而因为观察者在远处,对物体的纵深距离并不敏感,因此相当于观察者"看到"一个转动了的立方体,转过的角度 $\theta = \arcsin \beta$. 总之尺缩效应并非使我们看到的东西扁了,而是转过一个角度. 球看起来还是一个球.

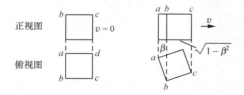

图 1-5 观察高速运动物体的图像

- **时间的相对性**

根据狭义相对论,时空的属性除了运动的长度缩短之外,还有运动的时钟变慢,或者也叫做时间膨胀、时间延缓.

考虑两个惯性系 S 和 S',S' 系相对 S 系沿 x 正方向的速度为 v. 一只钟相对 S 系静止在 x_1 处,钟上有两次报时看作两个事件,其时空坐标分别为 (x_1,t_1) 和 (x_1,t_2),时间的进程为 $\Delta t=t_2-t_1$. 这两个事件在 S' 系中的时空坐标分别为 (x_1',t_1') 和 (x_2',t_2'),$\Delta t'=t_2'-t_1'$ 是两次报时在 S' 系中观察到的时钟的进程. 根据洛伦兹变换(1.9)式

$$t_1'=\frac{t_1-\frac{v}{c^2}x_1}{\sqrt{1-\beta^2}},\qquad t_2'=\frac{t_2-\frac{v}{c^2}x_1}{\sqrt{1-\beta^2}},$$

所以

$$\Delta t'=t_2'-t_1'=\frac{t_2-t_1}{\sqrt{1-\beta^2}}=\frac{\Delta t}{\sqrt{1-\beta^2}}. \tag{1.15}$$

这里 $\Delta t'>\Delta t$ 意味着什么? 应该注意这里是考虑两次报时事件的时间间隔. 例如在 S 系中同一地点先后发生的两个事件之间的时间间隔是 $\Delta t=5\,\text{s}$,而在 S' 系观察同样两个事件之间的时间间隔是 $\Delta t'=10\,\text{s}$,这就意味着在 S' 系看来 S 系中的那只钟是一只动钟,比自己的那只静钟变慢了,或者说动钟所指示的时间膨胀了、延缓了.

在一个惯性系中同一地点先后发生的两个事件之间的时间间隔称为固有时,固有时最短.

下面进一步说明几点:

(1) 由于运动是相对的,运动的时钟变慢也是相对的. 例如有甲乙两人,他们手中都有一只钟,这两只钟是同样完好的. 现在乙相对甲以很高的速度运动,在甲看来,乙手中的钟是动钟,它走得比自己手中的钟要慢;而在乙看来,甲手中的钟是动钟,它走得比自己手中的钟要慢,也就是说他们两人,你看我的钟慢了,我看你的钟慢了. 这就是动钟变慢的相对性含义. 显然这与相对性原理是一致的;否则就存在一个具有特殊意义的惯性系,可以把它看作是以太系,这就违背了相对性原理. 读者可以自行根据洛伦兹变换分析得出结论.

(2) 于是产生了一个问题,究竟谁的钟变慢了? 这是怎么一回事? 其实这里也涉及同时性的相对性. 我们具体想象一下. 有一列高速开过的火车,火车上有一只钟. 根据刚才的分析,在车站上看,它是

一只运动的钟,它应该变慢.为了比较它与地面上的钟的快慢问题,显然地面上要有两只校准同步的钟,校准的办法应如前面所述用光信号来校准.设 S 系中的钟 A 和 B 是通过光信号校准好的两只钟,它们是完全同步的两只钟:当 S' 系中的钟运动到与 S 系的 A 钟相遇开始计时,如图 1-6(a)所示,当 S' 系的 A' 钟运动到与 B 相遇时,运动的钟变慢,S 系的观察者看来,A' 钟指示的读数应小于 B 钟指示的读数,如图 1-6(b)所示;而在 S' 系的观察者看来,A' 钟与 A 钟相遇,两钟指示在开始,到 A' 钟与 B 钟相遇,他看到两钟的指示与 S 系观察者看到的应是相同的,但是他决不相信是 B 钟走得会比 A' 钟快,因为在他看来 B 钟是动钟,它走得应比 A' 慢.问题出在哪里呢?问题出在同时性的相对性.在 S 系中两个异地事件是同时的,在 S' 系中这两个异地事件不是同时的.上述用光信号校准 A 钟和 B 钟同步,在 S' 系看来它们不是同步的,而是 B 钟拨前了.扣除 B 钟拨前的一段时间,S 系中 A 钟和 B 钟走过的时间比 A' 钟走过的时间要短,如图 1-6(c)、(d)所示.

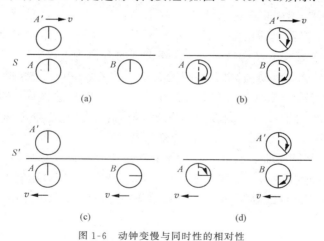

图 1-6 动钟变慢与同时性的相对性

这里我们清楚地看到动钟变慢的问题是与同时性的相对性概念联系在一起的,它是时空的属性,而不是运动物体的动力学性质,不是一种物质过程.因此,前面提问"究竟谁的钟变慢了?"的提问方式是不准确的.

(3) 动钟变慢是时间的属性,不是某一种时钟机构的性质,因此,不仅动钟变慢,而且一切涉及时间的过程都因运动而变慢延缓,例如分子振动、粒子衰变寿命,以至生命过程都因运动而延缓,而且延缓是相对的.

这里有一个孪生子佯谬问题.甲乙为两个孪生子,甲在地球上生活,乙乘飞船去太空遨游又返回,两人相遇,甲看来乙是运动的,其生命过程变慢;乙看来甲是运动的,其生命过程变慢.相遇时谁更年轻? 当然不可能是你看我年轻,我看你年轻.这里出现了佯谬.其实这里两个参考系是不等价的,地球是近似的惯性系,而乙的飞船飞出去时要先加速而后匀速,再减速,返回时也要经历反向加速、匀速、减速的过程,因而不可能是惯性系.于是,地球上的甲根据地球是惯性系和乙是运动的,得出乙比自己年轻;而乙因为飞船不是惯性系,不能简单套用上述结论,这里涉及非惯性系.然而设想一个特殊的过程考虑同时性的相对性,可以同样得出,从乙的角度来看,自己的生命过程变慢而年轻.总之,可以得出结论,谁相对于整个宇宙(惯性系)做更多的变速运动,谁就更年轻,活得更长久.

(4) 时间延缓的相对论效应已被许多实验和观察事实所证实. 例如 μ 子衰变 $\mu^- \rightarrow e^- + \nu_\mu + \tilde{\nu}_e$, 静止时的寿命为 2.2×10^{-6} s. 即使 μ 子以光速 c 运动, 它也只能行走 $3 \times 10^8 \times 2.2 \times 10^{-6}$ m ≈ 660 m. 可是宇宙射线的观测证明在高空产生的 μ 子也能到达地面, 它们走过的距离远大于 660 m, 这是因为高速运动的 μ 子的寿命比静止寿命 2.2×10^{-6} s 要长得多, 行走的距离可达 20 km.

1971 年物理学家用飞机载着精密的铯原子钟环球航行,绕地球一周后回到原地,与地球上静止的铯原子钟比较,扣除地球引力场产生的广义相对论效应,很好地证实了狭义相对论运动时钟的时间延缓效应.

1.5 相对论多普勒效应

多普勒效应是指波源运动或接收器运动或两者都运动所引起的频移现象.本书力学卷介绍了声波的多普勒效应.声波需要在介质中传播,因此波源相对介质的运动或接收器相对介质的运动产生不同的频移效果,波源的运动造成接收波长的改变,接收器的运动造成接收完全振动数的改变,两者都引起频移. 与声波不同,光波的传播不需要介质,有意义的则是波源与接收器之间的相对运动,其中需要考虑相对论效应.

设光源向接收器运动的速度为 v,接收器所在的参考系为 S 系,在光源上立参考系 S',S' 系相对 S 系的速度为 v,如图 1-7 所示. 在 S' 系中光的频率为 $\nu' = \nu_0$,周期为 $T' = T_0$,且有 $T' = \dfrac{1}{\nu'}$. 在 S 系中观察时间过程变慢,有

$$T = \frac{T'}{\sqrt{1-\beta^2}}, \tag{1.16}$$

另外,在 S 系中光速为 c,观测到的波长因光源的运动而压缩,有

$$\lambda = cT - vT = (c-v)T. \tag{1.17}$$

因此,在 S 系中观测到的光波频率为

$$\nu = \frac{c}{\lambda} = \frac{c}{(c-v)T} = \frac{1}{1-\beta}\frac{\sqrt{1-\beta^2}}{T'} = \sqrt{\frac{1+\beta}{1-\beta}}\nu_0, \tag{1.18}$$

此式表明,当光源向着接收器运动时,接收到的频率增高;当光源背离接收器运动时,接收到的频率降低,频率为

$$\nu = \sqrt{\frac{1-\beta}{1+\beta}}\nu_0. \tag{1.19}$$

此为一级多普勒效应.

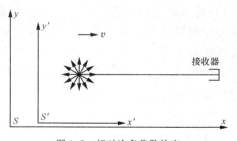

图 1-7 相对论多普勒效应

当光源的运动速度不在光源和接收器的连线方向上,速度方向与连线成 θ 角时,如图 1-8 所示,代替 (1.17) 式的是

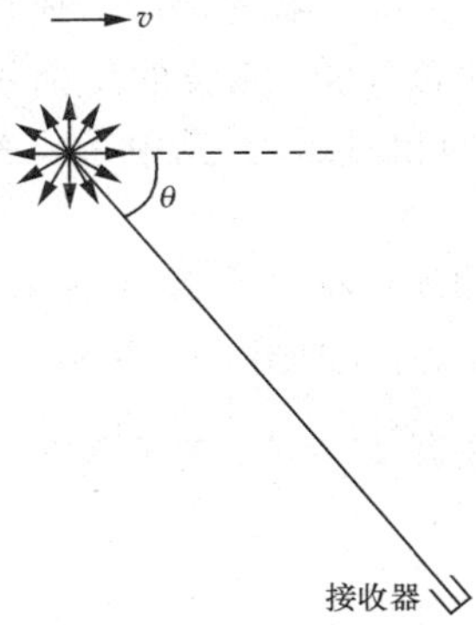

$$\lambda = cT - v\cos\theta \cdot T, \quad (1.20)$$

于是,在 S 系中观测到的光波频率为

$$\nu = \frac{c}{\lambda} = \frac{c}{c - v\cos\theta} \cdot \frac{\sqrt{1-\beta^2}}{T'}$$

$$= \frac{\sqrt{1-\beta^2}}{1-\beta\cos\theta}\nu_0. \quad (1.21)$$

此为普遍情形下相对论多普勒效应的频移公式.

当 $\theta = 0$, $\nu = \sqrt{\dfrac{1+\beta}{1-\beta}}\nu_0$,即为一级多普勒效应,光源靠近接收器情形.

图 1-8 相对论多普勒效应

当 $\theta = \pi$, $\nu = \sqrt{\dfrac{1-\beta}{1+\beta}}\nu_0$,也为一级多普勒效应,光源远离接收器情形.

当 $\theta = \dfrac{\pi}{2}$, $\nu = \sqrt{1-\beta^2}\,\nu_0$,此为横向多普勒效应,是二级多普勒效应,它完全是时间膨胀的结果,是相对论效应.声波中不会出现横向多普勒效应.

多普勒效应为宇宙膨胀学说提供了依据.1917 年斯里弗(V. M. Slipher)拍摄到 15 个涡旋星云的光谱,发现其中 13 个星云的吸收谱线移向红端,这表明这些星系正在远离我们而去.1929 年哈勃(E. P. Hubble)在此基础上根据自己测定的星系距离资料,总结出哈勃定律,星系的红移量与距离成正比.以后哈勃定律被更多的观测资料所证实,这意味着越远的星系退行速度越大,整个宇宙在膨胀.

多普勒效应还用于从地面上的参考点来追踪运动物体如人造卫星的准确位置和探测它的径向速度.

1.6 相对论速度变换公式

伽利略变换下的速度变换公式 $u'_x = u_x - v$,$u'_y = u_y$,$u'_z = u_z$ 在相对论中不再成立.下面根据洛伦兹变换导出相对论速度变换公式.

1.6 相对论速度变换公式

将洛伦兹变换微分得

$$\begin{cases} dx' = \dfrac{dx - vdt}{\sqrt{1-\beta^2}}, \\ dy' = dy, \\ dz' = dz, \\ dt' = \dfrac{dt - \dfrac{v}{c^2}dx}{\sqrt{1-\beta^2}}. \end{cases} \quad (1.22)$$

从而得

$$\begin{cases} u'_x = \dfrac{dx'}{dt'} = \dfrac{dx - vdt}{dt - \dfrac{v}{c^2}dx} = \dfrac{\dfrac{dx}{dt} - v}{1 - \dfrac{v}{c^2}\dfrac{dx}{dt}} = \dfrac{u_x - v}{1 - \dfrac{v}{c^2}u_x}, \\ u'_y = \dfrac{dy'}{dt'} = \dfrac{dy \cdot \sqrt{1-\beta^2}}{dt - \dfrac{v}{c^2}dx} = \dfrac{\dfrac{dy}{dt}\sqrt{1-\beta^2}}{1 - \dfrac{v}{c^2}\dfrac{dx}{dt}} = \dfrac{u_y\sqrt{1-\beta^2}}{1 - \dfrac{v}{c^2}u_x}, \\ u'_z = \dfrac{dz'}{dt'} = \dfrac{dz \cdot \sqrt{1-\beta^2}}{dt - \dfrac{v}{c^2}dx} = \dfrac{u_z\sqrt{1-\beta^2}}{1 - \dfrac{v}{c^2}u_x}. \end{cases}$$

$$(1.23)$$

(1.23)式即为相对论速度变换公式. 相应的相对论速度逆变换公式为

$$\begin{cases} u_x = \dfrac{u'_x + v}{1 + \dfrac{v}{c^2}u'_x}, \\ u_y = \dfrac{u'_y\sqrt{1-\beta^2}}{1 + \dfrac{v}{c^2}u'_x}, \\ u_z = \dfrac{u'_z\sqrt{1-\beta^2}}{1 + \dfrac{v}{c^2}u'_x}. \end{cases} \quad (1.24)$$

当速度很小时,$v \ll c$,相对论速度变换(1.23)或(1.24)式化为经典的速度变换(1.2)式.

由相对论速度变换公式可以看出当 $u'^2_x + u'^2_y + u'^2_z = c^2$ 时,则

$$u^2_x + u^2_y + u^2_z = \dfrac{(u'_x + v)^2 + u'^2_y(1-\beta^2) + u'^2_z(1-\beta^2)}{\left(1 + \dfrac{v}{c^2}u'_x\right)^2}$$

$$= \frac{u_x'^2 + u_y'^2 + u_z'^2 + 2u_x'v + v^2 - (u_y'^2 + u_z'^2)\beta^2}{\left(1 + \frac{v}{c^2}u_x'\right)^2}$$

$$= \frac{c^4[c^2 + 2u_x'v + v^2 - (c^2 - u_x'^2)\beta^2]}{(c^2 + u_x'v)^2}$$

$$= \frac{c^2[c^4 + 2c^2 u_x'v + u_x'^2 v^2]}{(c^2 + u_x'v)^2} = c^2.$$

这表明在 S' 系中的光速 c 变换到 S 系中的光速仍为 c，与光速不变原理相一致；光速 c 是极限速度，不可能获得比光速 c 更大的速度.

1.7 狭义相对论中的质量、能量和动量

- 概述
- 质能关系
- 质速关系
- 能量动量关系

● 概述

按照狭义相对论，物理定律遵从狭义相对性原理，物理定律的形式在所有惯性系中都是相同的. 由于不同惯性系之间的变换是洛伦兹变换，因此我们说物理定律应具有洛伦兹变换不变性. 电磁学的麦克斯韦方程组具有洛伦兹变换不变性，而经典力学的牛顿第二定律 $F = ma$ 具有伽利略变换不变性，在洛伦兹变换下形式一定会改变，因此 $F = ma$ 不是相对论动力学的基本定律形式. 我们现在不讨论怎样得到狭义相对论中物理定律的形式，只是指出在相对论情形下，即高速情形下动量守恒、能量守恒以及质量守恒仍然成立，力学的基本定律为

$$F = \frac{\mathrm{d}\boldsymbol{p}}{\mathrm{d}t} = \frac{\mathrm{d}(m\boldsymbol{v})}{\mathrm{d}t}. \tag{1.25}$$

在此基础上讨论相对论动力学中的几个重要结论.

● 质速关系

在经典力学中，物体的质量是物体本身的性质，与物体的运动状态无关. 这一点显然与相对论相矛盾，因为当有外力作用在物体上，

物体的运动状态要改变,根据(1.25)式,如果物体的质量是恒量,经过足够长的时间来加速,物体的速度可以任意大以致超过光速,因此按照狭义相对论,物体的质量必定与运动状态有关,而且速度增大时,质量增大,当物体的速度增大到接近光速 c 时,质量应接近无穷大. 下面我们由动量守恒、质量守恒以及相对论速度变换公式,考虑一种最简单的情形——完全非弹性碰撞,导出物体质量依赖于速度的关系.

考虑在 S' 系中两个完全相同的小球以相同的速率 u' 相向作完全非弹性碰撞,碰撞后粘在一起且为静止,如图 1-9 所示. 设另一惯性系 S 相对 S' 系以速率 u' 向左运动,则 S' 系相对 S 系以 u' 向右运动. 在 S 系看,小球 1 和 2 碰撞前的速度分别为

$$u_1 = \frac{u' + u'}{1 + \frac{u'}{c^2} \cdot u'} = \frac{2u'}{1 + \left(\frac{u'}{c}\right)^2}, \quad (1.26)$$

$$u_2 = \frac{-u' + u'}{1 + \frac{u'}{c^2}u'} = 0. \quad (1.27)$$

两球相碰后粘在一起的速度为

$$u = \frac{u'_x + v}{1 + \frac{u'_x}{c^2}v} = \frac{0 + u'}{1 + \frac{0}{c^2}u'} = u'. \quad (1.28)$$

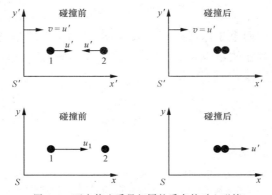

图 1-9　两个静止质量相同的质点的对心碰撞

根据 S 系中动量守恒和质量守恒

$$mu_1 = Mu', \tag{1.29}$$

$$m + m_0 = M,\text{①} \tag{1.30}$$

式中 m 为小球 1 速度为 u_1 时的质量，m_0 为小球 2 速度为零时的质量，也就是小球 2 的静质量，M 为两小球碰撞粘在一起的质量。由此两式消去 M 可得

$$m = m_0 \frac{u'}{u_1 - u'}. \tag{1.31}$$

另外，由(1.26)式得

$$u'^2 - 2\frac{c^2}{u_1}u' + c^2 = 0, \tag{1.32}$$

这是一个关于 u' 的一元二次代数方程，其根为

$$u' = \frac{c^2}{u_1}\left[1 \pm \sqrt{1 - \frac{u_1^2}{c^2}}\right], \tag{1.33}$$

考虑到实际的物理情形，即 $u_1 \ll c$ 时，上述解可近似为

$$u' = \frac{c^2}{u_1}\left[1 \pm \left(1 - \frac{u_1^2}{2c^2}\right)\right]. \tag{1.34}$$

从此解中可以看出当取正号时，$u' > c$，不合理，因此(1.33)式中只能取负号解，代入(1.31)式得

$$m = \frac{m_0}{\sqrt{1 - \frac{u_1^2}{c^2}}}.$$

此式虽然是就两个小球碰撞得出来的，但是两个小球是完全相同的，即小球 1 的静止质量也是 m_0。因此，就一个小球而言，速度为 v 的质量与其静止质量 m_0 的关系为

$$m = \frac{m_0}{\sqrt{1 - \frac{v^2}{c^2}}}. \tag{1.35}$$

---

① 由于考虑的是完全非弹性碰撞过程，其中有机械能损失，这部分能量转化为热能。按相对论观点，这部分能量也对应一定的质量 Δm。因此碰撞过程中总质量守恒，在 S' 系中是 $2m(u') = 2m_0 + \Delta m$，而不是 $2m(u') = 2m_0$；同样在 S 系中不能是 $m(u_1) + m_0 = 2m(u')$，而写成 $m + m_0 = M$。其中的 M 包含了机械能损失所对应的质量。

这就是著名的相对论质速关系.这一结果使人们对于物体质量的概念发生了重大的变化,描述惯性特性的质量不是恒量,而是与速度大小密切相关,当 $v=0$ 时,$m=m_0$,随着速度增大,质量也增大,当 v 趋近光速 c 时,质量趋于无穷大,任何实物的速度都不可能超过光速.

如果有某个粒子的运动速度等于光速 c,则其静止质量 m_0 只可能等于零,如光子、中微子等.

质速关系经受了实验的检验.1901 年考夫曼(W. Kaufman)测定电子在电磁场中的偏转,得其荷质比 e/m 随着速度增大而减小.他确认电子电荷不随速度变化,而是电子的质量随速度增大.开始考夫曼实验的精度不高,以后考夫曼改进实验,以及其他人比较精确的实验,证实了(1.35)式的正确性.

- **质能关系**

外力对物体做功,物体动能增加.设物体自静止开始受力而加速,外力方向始终与位移方向相同,根据相对论动力学规律(1.25)式,物体动能的增量即为后来状态的动能,

$$
\begin{aligned}
E_k &= \int \boldsymbol{F} \cdot \mathrm{d}\boldsymbol{s} = \int F \mathrm{d}s = \int \frac{\mathrm{d}}{\mathrm{d}t}\left(\frac{m_0 v}{\sqrt{1-\beta^2}}\right) \cdot v \mathrm{d}t \\
&= \int_0^v v \mathrm{d}\left(\frac{m_0 v}{\sqrt{1-\beta^2}}\right) = v\frac{m_0 v}{\sqrt{1-\beta^2}} - \int_0^v \frac{m_0 v}{\sqrt{1-\beta^2}} \mathrm{d}v \\
&= \frac{m_0 v^2}{\sqrt{1-\beta^2}} + m_0 c^2 \sqrt{1-\beta^2} - m_0 c^2 \\
&= mc^2 - m_0 c^2,
\end{aligned} \tag{1.36}
$$

此即相对论的动能表示式,m 为相对论质量(1.35)式.

当 $v \ll c$ 时,

$$\frac{1}{\sqrt{1-\beta^2}} = 1 + \frac{v^2}{2c^2} + \cdots \approx 1 + \frac{v^2}{2c^2},$$

由(1.36)式得

$$E_k = mc^2 - m_0 c^2 \approx \frac{1}{2} m_0 v^2. \tag{1.37}$$

此与经典力学的动能公式一致,这说明相对论动能公式(1.36)式是

合理的,而它则进一步表明处于一定运动状态的物体的动能可以表示为两项能量之差,第一项能量 $E=mc^2$ 为物体处于一定状态的能量,称为相对论能量或总能;第二项能量 $E_0=m_0c^2$ 是物体处于静止状态的能量,称为物体的静能. 这两个公式揭示了一种前所未有的新关系,物体的质量和能量是紧密联系在一起的,既不存在没有质量的能量,也不存在没有能量的质量,一定的质量 m 对应一定的能量 mc^2,一定的能量 E 对应一定的质量 E/c^2. 这两个公式称为相对论的质能关系. 于是,原来两个相互独立的守恒定律即质量守恒定律和能量守恒定律统一起来,成为质能守恒定律. 应该指出,原来的质量守恒只涉及静止质量,它只是相对论质量守恒在能量变化很小时的近似,当涉及的能量变化比较大时,静止质量是不守恒的,而是总质量守恒.

质能关系可以说是狭义相对论最重要的结论之一,它揭示了一种重要的能量形式——与物体系质量相联系的能量. 在微观世界领域中许多现象的理解和认识都与质能关系有关.

原子核能的释放和利用就是质能关系的一个结果,它是相对论最重要的应用,也是相对论最好的检验. 早在 20 世纪 20 年代,质谱技术的发展测定了各种核同位素的质量,发现各种核的质量都比组成该核的相同数目的核子(质子和中子)的质量要小(这一质量减少称为质量亏损,详见第 6 章),而且质量中等的核的质量都比组成该核的相同数目的核子质量要小得多一些. 按照质能关系,这意味着核子结合成核要放出一部分能量;而核子组成质量中等的核,由于放出更多能量要更为稳定些. 20 世纪 30 年代末发现了原子核的裂变,物理学家意识到重核裂变为质量中等的核将会放出巨大的能量. 例如一个中子撞击一个 $^{235}_{92}\text{U}$ 核可能裂变为质量中等的 $^{140}_{54}\text{Xe}$ 和 $^{94}_{38}\text{Sr}$,反应如下:

$$\text{n} + {}^{235}_{92}\text{U} \longrightarrow {}^{236}_{92}\text{U} \longrightarrow {}^{140}_{54}\text{Xe} + {}^{94}_{38}\text{Sr} + 2\text{n} + 180 \text{ MeV},$$

一次核裂变放出的能量有 180 MeV. 虽然一次核裂变释放的能量并不算大,可是如果使 1 kg 的 $^{235}_{92}\text{U}$ 核裂变,释放的能量将有 8×10^{13} J,它相当于燃烧 2.7×10^3 t 优质煤所释放的能量,这就相当可观了. 人们进一步研究发现核裂变还同时放出中子和可发生链式反应,才使得原子核能的释放成为可能.从此人类进入了原子核能时代,它所带来的许多高新技术的发展促进人类社会和文化有了突飞猛进的发展.

同样轻核聚变也可放出巨大的能量.例如氘和氚可聚变为氦的反应:

$$^2_1H + ^3_1H \longrightarrow ^4_2He + n,$$

氘的原子质量为 2.014 102 u,氚的原子质量为 3.016 040 u,氦的原子质量为 4.002 603 u,中子的质量为 1.008 663 u,其中 u 为原子质量单位,1 u=1.660 538 73×10^{-27} kg.根据此反应可算出反应的质量亏损为 Δm=0.018 885 u,反应释放的能量约 17.6 MeV.聚变反应是恒星发射巨大能量的来源.

另一种微观世界发生非常频繁的现象是正反粒子对的产生和湮没,它是质能关系的体现.能量足够高的 γ 光子经过原子核附近时,可以转化为电子和正电子对或其他正反粒子对,正反粒子对可湮没为 γ 光子或产生其他正反粒子对.它们是认识许多高能粒子现象的重要过程.

- **能量动量关系**

在经典力学中动能与动量的关系为

$$E_k = \frac{1}{2m}p^2,$$

在狭义相对论中动量的定义仍为 $\boldsymbol{p} = m\boldsymbol{v}$,而能量为

$$E = mc^2 = \frac{m_0 c^2}{\sqrt{1 - \frac{v^2}{c^2}}},$$

将此式平方,作适当的整理,得能量动量关系

$$E^2 = c^2 p^2 + m_0^2 c^4. \tag{1.38}$$

对于静止质量 $m_0 = 0$ 的粒子,能量和动量的关系为

$$E = cp \tag{1.39}$$

或

$$p = \frac{E}{c} = mc, \tag{1.40}$$

这说明静止质量 $m_0=0$ 的粒子以光速 c 运动.

1.8 广义相对论简介

- 狭义相对论的不足和广义相对论的提出
- 等效原理和广义相对性原理
- 物质的存在造成时空弯曲,时空弯曲决定了物质的运动
- 广义相对论的观测验证
- 广义相对论适用的研究领域

● **狭义相对论的不足和广义相对论的提出**

狭义相对论将力学和电磁学统一起来,将时间和空间统一起来,带来了时空观念的根本变革.在狭义相对论中,速度只具有相对的意义,所有的惯性系都是平权的,没有哪一个惯性系更优越,从而排除了惯性系的绝对运动;另一方面,物理作用传播的极限速度是真空中的光速 c,从而在整个物理学中排除了超距作用.然而正是在这两方面,狭义相对论尚存在理论上的疑难,有待进一步发展.其一,牛顿万有引力定律的表述是超距作用的,它与狭义相对论相抵触,狭义相对论不能处理涉及引力的问题,因此需要发展相对论的引力论,把引力问题纳入相对论之内;其二,狭义相对论在否定绝对运动上还不够彻底,它限于讨论惯性系本身就隐含着惯性系的优越地位,从而它也就肯定了一类绝对运动,即相对惯性系作加速运动的物体作绝对运动.加速度具有绝对的意义.然而狭义相对论却无法确定惯性系.惯性系概念存在着逻辑循环.什么是惯性系?惯性定律成立的参考系是惯性系,就是说在这个参考系中,一个不受外力作用的物体总是处于静止或匀速直线运动状态.不受外力又是什么意思呢?这就是说,在惯性系中,处于静止或匀速直线运动状态的物体是不受外力的.这样就又回到什么是惯性系的问题.于是我们处于一种知道物理定律,却不知道定律赖以成立的参考系的困难局面.这样整个物理学好像建筑

在沙滩上一样[①].

总之，从以上两方面来说，狭义相对论还不够完善，需要发展一种将引力问题纳入其中，且彻底否定绝对运动的，在理论上更为和谐和更为广泛的相对论，这就是广义相对论.

- **等效原理和广义相对性原理**

爱因斯坦思考了这些问题，发展为广义相对论，其突破口是早在16世纪伽利略已经知道，而长期不能解释且未加重视的事实，即物体的重力加速度为恒量，它是物体惯性质量和引力质量相等的反映. 根据牛顿第二定律，作用在物体上的外力等于物体的质量乘以获得的加速度，这里的质量是惯性质量；而物体下落时，作用在物体上的力是地球对它的吸引力，它与物体的引力质量成正比. 既然物体在重力作用下加速度不依赖于物体，是一个恒量，则引力质量与惯性质量成正比. 选取相同的单位，两者相等.

我们知道，惯性质量是物体惯性的量度，反映物体对加速度的阻抗，而引力质量是物体引力属性的量度，反映物体产生和承受引力的能力，它们显然是物质的两种完全不同的属性. 为什么描述物质两种不同属性的量会严格相等，这是一个问题. 牛顿首先注意到这个问题，并想到用实验来检验惯性质量和引力质量的相等性. 牛顿在他的《原理》一书中记叙了他所做的实验. 他做了两只相同的圆木盒，用11英尺长的细绳悬挂起来构成摆，一只装满了木料，另一只分别装入相等重量的金或银、铅、玻璃、沙、食盐、水以及小麦等，比较它们的摆动周期. 根据牛顿定律容易得出单摆周期 $T=2\pi\sqrt{m_1 l/m_G g}$. 可以看出仅当惯性质量 m_1 与引力质量 m_G 之比与材料无关时，两摆的周期才会相等. 牛顿在实验中没有观察到两摆周期的差异，由此他推算出 $m_G/m_1=1+O(10^{-3})$，即两者相符合的精度在 10^{-3} 以内. 以后又有不少物理学家做实验，把精度提高了许多，如 1830 年贝塞耳得 $O(10^{-5})$，1889 年厄缶(B. von Eötvös)得 $O(10^{-8})$，1964 年迪克(R.

---

① 参见 A.爱因斯坦、英费尔德著，周肇威译：《物理学的进化》，上海科学技术出版社，1962，第 135 页.

H. Dicke)得 $O(10^{-11})$，1971 年布拉金斯基（V. Braginsky）得 $O(10^{-12})$. 然而人们研究发现，对此在牛顿力学中却无法加以理论上的说明，于是长时期里它似乎成为游离于物理学之外而不加重视的一个结论. 可是爱因斯坦对于物体的重力加速度为恒量这一点却具有极深刻的印象. 他曾经说过[①]："在引力场中，一切物体都具有同一加速度. 这条定律也可表述为惯性质量同引力质量相等的定律，它当时就使我认识到它的全部重要性. 我为它的存在感到极为惊奇，并猜想其中必定有一把可以更加深入地了解惯性和引力的钥匙."他注意到重力加速度为恒量是重力场的一个特点，它区别于其他类型的力场，例如，带电粒子在电磁场中的加速度与粒子的荷质比有关. 他采用被称为"爱因斯坦升降机"的假想实验来说明它所带来的后果.

如图 1-10，观察者在密封的升降机里做力学实验，一种情形是升降机静止在地面上（地球看成是惯性系），它是一个惯性系，其中存在地球的引力场，由于 $m_I = m_G$，任何物体的重力加速度均相等为 g；另一种情形是升降机远离一切物体，即处于没有引力场的地方，它相对于某个惯性系以加速度 g 上升，它是一个非惯性系. 在这两种情形下，观察者做实验测得物体下落的加速度都是 g，他观察到的力学现象都相同，他无法断定他所在的参考系究竟是有引力场的惯性系还是并无引力的非惯性系. 这表明物体在非惯性系中的运动等效于引力场作用下的运动，或者说非惯性系与引力场等效，它是物体惯性质量与引力质量相等的结果，爱因斯坦把它称为"等效原理".

根据等效原理，引力场可以用非惯性系来消除，例如在引力场中自由降落的参考系中消除了引力，在这个自由落体系中，惯性定律能很好地成立，一个不受外力作用的物体将保持其原有的静止或匀速直线运动状态，这一参考系实在是很好的惯性系[②]，其中物理规律具有狭义相对论的形式. 另外，非惯性系与引力场等效，非惯性系与惯

[①] 见"广义相对论的来源"，载于《爱因斯坦文集》，第一卷，320 页，商务印书馆，1983.

[②] 由于一般情形下，物体在空间不同位置，所受的地球的引力不同，用非惯性系来消除引力的作用只能局限于局部小区域内，因此消除引力的自由落体系是局部惯性系.

1.8 广义相对论简介

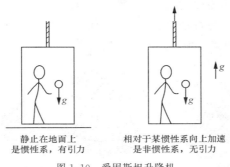

静止在地面上　　　相对于某惯性系向上加速
是惯性系,有引力　　　是非惯性系,无引力

图 1-10　爱因斯坦升降机

性系就没有原则性的区别,它们都可以同样好地用来描述物体的运动,没有哪一个比另一个更优越.由此爱因斯坦把狭义相对性原理推广为一切参考系都是等价的,没有哪一个比另一个更优越,爱因斯坦把它称为广义相对性原理.爱因斯坦的广义相对论是在等效原理和广义相对性原理的基础上发展起来的.在广义相对论中,惯性系不再是不可捉摸的,它就是自由落体系;前述狭义相对论的两点不足通过等效原理和广义相对性原理联系在一起一揽子加以解决,广义相对论清楚地回答了不存在特别优越的惯性系,所有的参考系对于描述物体的运动都是等价的,而引力问题通过广义的时空坐标变换纳入相对论理论中.原来牛顿力学中无法加以说明的惯性质量与引力质量相等,不再是游离于物理学之外的一个普遍事实,而是成为意义重大的广义相对论的基石.

- **物质的存在造成时空弯曲,时空弯曲决定了物质的运动**

在广义相对论中,局部惯性系内不存在引力,一维时间和三维空间组成四维平坦的欧几里得空间;在任意参考系内存在引力,引力引起时空弯曲,因而时空是四维的非欧黎曼空间.平坦的欧几里得空间与弯曲的非欧空间是两类不同的空间,以二维空间来类比,平坦的欧几里得空间是可无限伸展的平面,在这个空间(二维平面)内的几何是普通的欧几里得几何,任意圆周的周长与直径之比为 π,任意三角形的 3 个内角之和为 $180°$,等等;而弯曲的非欧空间则可以是球面或马鞍形面之类的曲面,在这个空间(二维曲面)内的几何是非欧几何,任意圆周的周长与直径之比不是 π,任意三角形的 3 个内角之和大于 $180°$ 或小于 $180°$,等等,如图 1-11 所示.

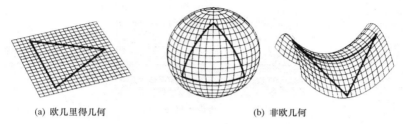

(a) 欧几里得几何　　　　　　　　　　(b) 非欧几何

图 1-11　欧几里得几何与非欧几何

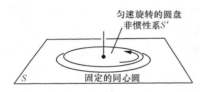

图 1-12　在惯性系和非惯性系中测量圆的周长和直径

我们可以通过下述例子来理解. 如图 1-12 所示,设想在一个惯性系 S 中有一个匀速旋转的圆盘,它是非惯性系 S'. 在惯性系 S 中测量一个固定的同心的圆的周长和直径,两者的比值等于 π,即在惯性系 S 中欧几里得几何是有效的. 而在旋转圆盘(S'系)上的观测者处于非惯性系,他测量该固定于 S 系中的圆的结果无法事先知道,但可以从惯性系 S 来推测他的测量结果. 测半径时,由于任一瞬时半径和尺均与运动方向垂直,两者均无收缩,测量的结果与 S 系测得的结果相同. 而测量圆周时,从 S 系看来,尺是运动的,它收缩了,测量的圆周的值增大,因而圆周长与直径的比值大于 π,也就是说非惯性系中的空间是非欧空间. 对于时间,在惯性系中所有已校准好的钟都是同步的,对于旋转圆盘这一非惯性系,盘边缘的钟是运动钟,它走得要比盘中心的钟要慢. 由此可以看出非惯性系对空间和时间的影响. 根据等效原理,非惯性系与引力场等效,在此参考系中存在着由转轴指向外的引力. 因此是引力引起了时空的弯曲.

由于重力加速度是个恒量,与物体的质量无关,不同质量的物体以相同的初始条件,在重力作用下将描绘出相同的轨道曲线,由此爱因斯坦提出了一个全新的概念:引力效应是一种几何效应,万有引力不是一般的力,而是时空弯曲的表现.由于引力起源于质量,因此时空弯曲起源于物质的存在和运动.爱因斯坦找到了物质分布(即引力源)影响时空几何的引力场方程

$$R_{\mu\nu} - \frac{1}{2}g_{\mu\nu}R = -\kappa T_{\mu\nu},$$

这是一个张量方程,式左的 $R_{\mu\nu}$,R 和 $g_{\mu\nu}$ 是描述时空弯曲的曲率张量和度规张量,式右 κ 是一个与引力常量 G 和真空光速 c 有关的常量,$T_{\mu\nu}$ 是物质的能量动量张量.引力场方程表明物质的能量动量张量决定了时空的曲率.

广义相对论认为,质点在万有引力作用下的运动,是弯曲时空中的自由运动——惯性运动,它们在时空中描出的曲线称为测地线,它是直线在弯曲时空中的推广.当时空恢复平坦时,测地线就成为通常的直线.图 1-13 显示了一个二维平面在物质分布的作用下造成弯曲的情形,以及物质分布对光线造成的弯曲.

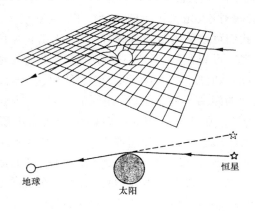

图 1-13 弯曲时空中质点的运动

- **广义相对论的观测验证**

爱因斯坦建立广义相对论时,就提出广义相对论的几项观测检验,其中三项经典的检验如下:

(1) 水星近日点的反常进动

水星是最靠近太阳的一颗行星,由于太阳的吸引,水星的轨道应是一个封闭的椭圆,考虑到天文学上的岁差以及太阳之外其他行星的吸引,按照牛顿万有引力定律可计算出水星轨道近日点不断向前移动(进动)的理论值.1859年天文学家观测到水星近日点的进动值比计算的理论值每百年要快 $40''$;后来更精确的观测为每百年快 $43.11''$.曾经猜测,这可能是存在一颗更靠近太阳的"水内行星"的吸引所致,然而多年辛勤搜索,却始终未观察到这颗水内行星.爱因斯坦于1915年根据广义相对论对牛顿引力定律的修正,考虑水星沿椭圆轨道运动,周期性地进入引力势较大和引力势较小区域,也就是水星经历着时空弯曲性质的周期性变化,计算了水星近日点的反常进动值为每百年 $43.03''$,与观测值符合得很好,从而解决了天文学中近60年来的一大疑难.以后对于金星、地球以及伊卡鲁斯小行星,理论计算值与观测值也都符合得很好.

(2) 光线的引力弯曲

根据广义相对论,光和物体的运动一样,受到引力的作用,会向引力源偏转.我们可以从等效原理来理解.在无引力场的惯性系中光沿直线传播.现在设想在此惯性系中有一盒子,此盒子相对于惯性系向上作加速运动,如图 1-14(a)所示.由于是加速运动,在相等的时间里,盒子运动的距离不同.设 3 个相同的时间 Δt 内盒子移动所到的位置为 A,B,C. 在这三个相同的时间内光在盒中所到的位置分别是 a,b,c. 因此从盒子这一加速参考系中的观察者观察到的光的路径如图 1-14(b)所示为一曲线.由于等效原理,向上加速系与向下的引力场等效,因此光线向引力源偏转.从质点在物质分布的弯曲时空中沿测地线运动来理解,如图 1-13 所示,光线的引力弯曲也是很自然的.

爱因斯坦于1916年计算了星光从太阳近旁通过的偏转角为 $1.75''$.1919 年 5 月 29 日可发生日全食,英国皇家天文学会派遣两个小组赴巴西索勃拉市和西非普林西比岛,拍摄日全食时太阳附近星空照片,与太阳不在这一天区的星空照片相比较,得出的星光光线偏转值,证实了爱因斯坦的理论预言,在当时曾引起世界的轰动.以后

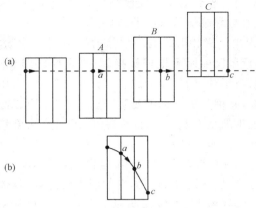

图 1-14 光线的引力弯曲

几乎每逢有便于进行观测的日全食时,各国的天文学家都要进行此项观测,观测的结果与理论预言符合得很好.

(3) 光频的引力红移

光频的引力红移是引力对时间影响的表现. 我们可以如下来理解,在前面转动的非惯性系例子中,加速度是指向轴心的,惯性离心力是自轴心指向外的. 根据等效原理,相当于引力的方向指向外,因此圆盘边缘为引力低势区,圆盘中心为高势区. 另一方面圆盘边缘处的时钟因运动速度较大而走得比圆盘中心更慢. 由此得到结论,根据广义相对论,在引力场的高势区的时钟走得较快,低势区的时钟走得较慢. 引力场对时间的影响可以通过原子振动的变慢表现出来,于是在低引力势区原子振动频率低于高引力势区原子振动的频率。

一个在太阳表面的氢原子发射光到达地球时,它的频率比地球上氢原子发射的光的频率要低一点,相应的波长要长一点,发生引力红移;相反地,如果在太阳表面接收地球上发来的光,则频率变高一点,波长变短一点,发生引力蓝移. 引力红移和蓝移与多普勒效应在机理上完全不同. 对于通常的引力势变化来说,光频的引力红移或蓝移都很小,来自太阳表面光波波长改变大约只有百万分之二. 这一效应最初是在引力较强的白矮星中得到证实. 20 世纪 60 年代利用穆斯堡尔效应的实验方法,测量地面上高度相差 22.6 m 的两点之间引力势的微小差别所造成的 γ 射线谱频移,定量地验证了引力红移,结果表明,实验值与理论值符合得非常好.

1964 年提出广义相对论的一项新的检验,利用雷达发射一束电磁波,经其他行星反射回到地球被接收,当来回的路径远离太阳,太阳的影响可忽略不计;如果来回路径经过太阳附近,太阳引力场造成传播时间加长,此称为雷达回波延迟.这一观测也可以经人造天体作为雷达信号反射靶的反射进行实验观测.观测的结果和理论计算两方面的符合是令人非常满意的.

除了上述四项检验之外,1916 年爱因斯坦根据广义相对论还预言了存在引力波,加速运动的物体发射引力波.然而物体加速运动所发射的引力波极其微弱,直接探测目前仍然是不可能的.1974 年发现双致密星体系 PSR1913+16,它和它的一颗看不见的伴星之间距离很小,适宜于检验引力波理论.泰勒(J. H. Taylor)等人对它进行了四年多的监视性观测,1978 年报告确认了这颗双星的公转周期在稳定地变短,这是由于引力波辐射把双星的能量慢慢带走,使双星体系的能量逐渐减少,从而双星体系的公转周期越来越短.这就间接地证实了引力波的存在.这一监测被誉为 20 世纪相对论引力理论最出色的观测证实.

此外,广义相对论关于宇宙膨胀的预言也得到观测事实的支持(详见 8.2 节).广义相对论成为基础牢靠的物理理论.

- **广义相对论适用的研究领域**

广义相对论建立后,爱因斯坦首先用它来解释牛顿引力理论不能完全说明的水星近日点进动和光线的引力弯曲,取得了辉煌的成功.爱因斯坦在完全缺乏实践知识的基础上几乎完全凭他深邃的洞察力而建立起来的逻辑上极为优美的新引力理论很快得到人们的承认和赞赏.然而大约有半个世纪,它却没有受到人们的充分重视,因而也没有得到迅速的发展,因为在人们当时所研究的绝大部分天体引力现象中引力都较弱,牛顿引力理论已是足够好的近似,广义相对论只提供了一个极微小的修正,所以人们在实用上不需要它.

通常,一个质量为 M 的天体附近的引力场的强弱用引力半径

R_g 和天体半径的比值这个无量纲参量 R_g/R 来衡量. 引力半径 $R_g = \dfrac{2GM}{c^2}$, 不同天体的 R_g/R 值列于表 1-1 中. 从表中可以看出, 即使对当时已知的最稠密的白矮星, R_g/R 也只有 10^{-4}. 20 世纪 60 年代发现中子星, $R_g/R \approx 0.3$, 这是一个必须用广义相对论来研究的强引力天体. 此后广义相对论得到蓬勃的发展. 中子星的形成和结构, 黑洞物理学和黑洞探测, 引力辐射, 大爆炸宇宙学等成为它的广阔的研究领域.

表 1-1 不同天体的 R_g/R 值

	地球	太阳	白矮星	中子星
$\dfrac{2GM}{c^2R}$	10^{-9}	4×10^{-6}	10^{-4}	3×10^{-1}

习　题

1.1 S' 系相对 S 系以速度 $v = 0.600c$ 沿 x 轴方向运动, 当两坐标系的原点重合时作为计时的起点.

(1) 一事件在 S 系中发生于 $x_1 = 50.0$ m, $t_1 = 2.00\times10^{-7}$ s, 该事件在 S' 系中发生于何时?

(2) 如果第 2 个事件在 S 系中发生于 $x_2 = 10.0$ m, $t_2 = 3.00\times10^{-7}$ s, 在 S' 系中测得的两事件的时间间隔是多少?

1.2 在 S 系中测得的两事件的时空坐标为

事件 1:　　　　$x_1 = x_0$,　　$t_1 = x_0/c$,

事件 2:　　　　$x_2 = 2x_0$,　　$t_2 = x_0/2c$.

(1) 试证存在这样的参考系, 在该参考系中上述两事件同时发生, 求出这参考系相对于 S 系的速度.

(2) 在新的参考系中, 两事件发生在什么时刻?

1.3 在某一惯性系中, 两事件发生在同一地点而时间相隔 4.00 s, 设在另一惯性系中, 该两事件的时间间隔为 6.00 s, 试问该两事件的空间间隔是多少?

1.4 在惯性系 S 中, 两事件发生在同一时刻, 且沿 x 轴相距

1.00 km. 设在以恒速沿 x 轴运动的惯性系 S' 中测得该两事件的空间间隔为 2.00 km，试问在 S' 系中测得的该两事件的时间差是多少？

1.5 一道闪光从 x 轴上的 x_1 发出，在位置 $x_2=x_1+l$ 被接收，在以速度 $v=\beta c$ 沿 x 轴运动的参考系 S' 中，

(1) 光的发射点和接收点的空间距离 l' 是多少？

(2) 在光的发射和接收之间相隔多长时间？

1.6 两艘太空飞船的静止长度都是 100 m，沿相反方向相擦而过，飞船 A 上的仪器测得飞船 B 的前端通过整个 A 的长度需要 5.00×10^{-6} s．

(1) 两艘飞船的相对速度是多少？

(2) B 的前端的时钟在其经过 A 的前端时恰好为零点，试问该时钟经过 A 的尾端时指示什么时间？

1.7 一艘宇宙飞船以速度 $0.8c$ 中午飞经地球，此时飞船上和地球上的观察者都把自己的时钟拨到 12 点．

(1) 按飞船上的时钟于午后 12:30 飞经一星际宇航站，该站相对于地球固定，其时钟指示的是地球时间．按宇航站的时间，飞船到达该站的时间是多少？

(2) 按地球上的坐标测量，宇航站离地球多远？

(3) 在飞船时间午后 12:30 从飞船发送无线电信号到地球，问地球何时(按地球时间)接收到信号？

(4) 若地球上的地面站在接收到信号后立即发出回答信号，问飞船何时(按飞船时间)接收到回答信号？

1.8 在地球上测量来自太阳赤道上相对的两端辐射中的 H_α 线，其波长为 656 nm，测得这两条 H_α 线的波长相差 9×10^{-3} nm．假定此效应是由于太阳自转引起的，求太阳自转的周期．太阳的直径是 1.4×10^6 km．

1.9 一个静止的 K^0 介子能衰变成一个 π^+ 介子和一个 π^- 介子，这两个 π 介子的速率均为 $0.85c$．现有一个以速率 $0.90c$ 相对于实验室运动的 K^0 介子发生上述衰变．以实验室为参考系，两个 π 介子可能有的最大速率和最小速率是多少？

1.10 一物体的速度使其质量增加 10%，此物体在运动方向上

缩短了多少？

1.11 一物体的速率分别为 (1) 3.00 m/s, (2) 300 m/s, (3) 10.0 km/s, (4) $0.1c$, (5) $0.9c$. 使用经典的动能公式计算动能时产生的相对误差各为多少？

1.12 一静止电子（静止能量为 0.51 MeV）被 0.13 MV 的电势差加速，然后以恒定速度运动.

(1) 电子在达到最终速度后飞越 8.4 m 的距离需要多少时间？

(2) 在电子的静止系中测量，此段距离是多少？

1.13 有两个中子 A 和 B，沿同一直线相向运动，在实验室中测得每个中子的速率为 βc. 试证明在中子 A 的静止系中测得的中子 B 的总能量为

$$E = \frac{1+\beta^2}{1-\beta^2} m_0 c^2,$$

其中 m_0 为中子的静质量.

1.14 一电子在电场中从静止开始加速，电子的静止质量为 9.1×10^{-31} kg.

(1) 问电子应通过多大的电势差才能使其质量增加 0.4%？

(2) 此时电子的速率是多少？

1.15 已知一粒子的动能等于其静止能量的 n 倍，求：

(1) 粒子的速率，

(2) 粒子的动量.

1.16 太阳的辐射能来源于内部一系列核反应，其中之一是氢核（${}_1^1\text{H}$）和氘核（${}_1^2\text{H}$）聚变为氦核（${}_2^3\text{He}$），同时放出 γ 光子，反应方程为

$$ {}_1^1\text{H} + {}_1^2\text{H} \longrightarrow {}_2^3\text{He} + \gamma.$$

已知氢、氘和 ^{3}He 的原子质量依次为 $1.007\,825$ u，$2.014\,102$ u，$3.016\,029$ u. 原子质量单位 1 u $= 1.66 \times 10^{-27}$ kg. 试估算 γ 光子的能量.

1.17 设有一能量为 $h\nu$ 的光子和静止质量为 m_0 的静止原子组成的系统. 问该系统的质心速度是多少？

1.18 利用质能关系 $E = mc^2$，运动定律 $F = \dfrac{\text{d}}{\text{d}t}(mu)$ 及动能定

理 $dE=Fdx$ 等关系,证明粒子的质量公式 $m=\dfrac{m_0}{\sqrt{1-u^2/c^2}}$.

1.19 一静止质量为 m_0 的粒子受到 x 方向的恒力 F 的作用,沿 x 轴运动. 设 $t=0$ 时粒子位于 $x=0$ 处,初速度 $u_0=0$,试证明在任意时刻 t,粒子的速度、加速度和位置分别为

$$u=\frac{Fct}{\sqrt{m_0^2c^2+F^2t^2}},$$

$$a=\frac{Fm_0^2c^3}{(m_0^2c^2+F^2t^2)^{3/2}},$$

$$x=\frac{m_0c^2}{F}\left(\sqrt{1+\frac{F^2t^2}{m_0^2c^2}}-1\right).$$

前期量子论

2.1 黑体辐射和普朗克的量子假设
2.2 光电效应和爱因斯坦的光子理论
2.3 康普顿效应
2.4 玻尔的氢原子理论

2.1 黑体辐射和普朗克的量子假设

- 辐射本领和吸收本领
- 基尔霍夫辐射定律
- 绝对黑体的辐射规律
- 经典理论的失败
- 普朗克能量子假设

● 辐射本领和吸收本领

物体以电磁波的形式向外发射能量称为辐射. 从能量守恒的观点来说, 维持辐射必有能量来源. 能量来源可以是加热、通电、光照、化学反应或核反应, 等等. 处在热平衡状态的物体在一定温度下的辐射称为平衡热辐射, 简称热辐射. 所有的物体在任何温度下都有热辐射, 只是不同温度下物体辐射能量的多寡有所不同, 能量按波长的分布有所不同. 例如将一块铁加热逐渐升高温度, 我们的经验是它经历的变化是从有点微微发热到热烘烘再到热浪逼人, 而且开始不过是反射光, 后来渐渐变成暗红到发黄再到亮得耀眼. 前者说明辐射能与温度的关系, 后者说明辐射与波长有关. 为了弄清楚热辐射的规律, 下面先介绍辐射本领与吸收本领概念.

上面的例子说明物体辐射的能量与温度 T 和波长 λ 有关. 设物体的温度为 T, 在单位时间内从单位表面积辐射出来波长在 $\lambda \sim \lambda + d\lambda$ 间隔内的辐射能量为 dE, 实验表明 dE 与 $d\lambda$ 成正比, 它们的比值定义为物体的**辐射本领**, 表为 $r(\lambda, T)$, 即

$$r(\lambda, T) = \frac{dE(\lambda, T)}{d\lambda}. \tag{2.1}$$

辐射本领不仅随波长和温度而变,还与物体本身的性质和表面状态有关. 辐射本领又叫做**辐射出射度**.

有时我们关心物体在单位时间内从单位表面积辐射出来的各种波长的总辐射能,则根据(2.1)式

$$E(T) = \int dE(\lambda, T) = \int_0^\infty r(\lambda, T) d\lambda, \tag{2.2}$$

$E(T)$ 称为总辐射本领或辐射度,它与温度有关,还与物体本身的性质有关,其 SI 制单位为 W/m^2.

任何物体向外辐射能量的同时,也吸收照射到该物体上的辐射能. 一般地,照射到物体上的辐射能,一部分被反射,一部分被吸收,还有一部分被透射. 对于不透明的物体,入射的辐射能只有被吸收和被反射两部分. 吸收的辐射能与入射的辐射能的比值称为**吸收本领**,用 $a(\lambda, T)$ 表示,它也随物体的温度和入射辐射能的波长而变化,而且还与物体的性质有关. 吸收本领为一个无量纲的量,为纯数,它总是不可能大于 1 的. 有的物体对各种波长的辐射强烈吸收,$a(\lambda, T) \approx 1$,这种物体在白光照射下呈黑色;有的物体对所有的波长的辐射都很少吸收,$a(\lambda, T) \approx 0$,这种物体在白光照射下强烈反射呈白色;有的物体选择性地吸收某些色光,反射的则是其互补色光.

- **基尔霍夫辐射定律**

一个物体的辐射本领 $r(\lambda, T)$ 和吸收本领 $a(\lambda, T)$ 之间有一定的内在联系,这种联系由基尔霍夫(G. R. Kirchhoff)辐射定律表达:**在热平衡条件下,任何物体在同一温度 T 下的辐射本领 $r(\lambda, T)$ 与吸收本领 $a(\lambda, T)$ 成正比,其比值与物体的性质无关,而只与波长 λ 和温度 T 有关**. 用数学式表示为

$$\frac{r_1(\lambda, T)}{a_1(\lambda, T)} = \frac{r_2(\lambda, T)}{a_2(\lambda, T)} = \cdots = r_0(\lambda, T). \tag{2.3}$$

$r_0(\lambda, T)$ 是一个普适函数. 基尔霍夫辐射定律是从理论分析得到的,我们可以作如下的理解. 如图 2-1 所示,在密闭的容器中有不同的辐射体 1,2,3,…,将容器抽成真空,各辐射体之间以及辐射体与容器

之间只能通过辐射和吸收来交换能量.经过足够长的时间后,整个系统必然达到热平衡,各辐射体和容器具有相同的温度 T. 在此情形下,每个辐射体在单位时间内辐射出去的能量就等于同一时间内所吸收的能量,因此辐射本领大的物体,吸收本领也一定大.

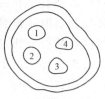

图 2-1 辐射体的热平衡

基尔霍夫辐射定律告诉我们:(1)一个好的吸收体也是一个好的辐射体,因此越黑的物体,其辐射本领越大.一个画有黑色花纹的白瓷片放在高温炉中加热到高温,把它从炉中取出来,在开始时,黑色花纹处显得更亮更耀眼就是这个道理.(2) (2.3)式中的普适函数 $r_0(\lambda,T)$ 可以看成是某个吸收本领 $a_0(\lambda,T) \equiv 1$ 的物体的辐射本领,这个物体显然是最黑的,称为绝对黑体,简称黑体.其辐射本领摆脱了对具体物体的依赖关系,显然是最简单的,也更便于研究.(3)由于 $a(\lambda,T)<1$,因此 $r(\lambda,T)<r_0(\lambda,T)$,即任何物体的辐射本领都小于同温度同波长的绝对黑体的辐射本领.

● **绝对黑体的辐射规律**

如上所述,绝对黑体的辐射本领最为简单,也更便于研究,因此研究绝对黑体的辐射规律成为首选的课题.那么什么样的物体是绝对黑体?即使最黑的煤烟也只能吸收 99% 的入射光能,还不能算是绝对黑体.通过物理学家的分析与思考,终于巧妙地设计制造出来.一个任意不透明材料做成的容器的小开口可以看成是绝对黑体.如图 2-2 所示,入射的辐射能通过小孔进入空腔,在空腔内多次反射,每一次反射,腔壁吸收了一部分辐射能.由于小孔很小,

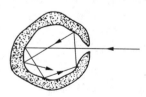

图 2-2 绝对黑体

射入小孔的辐射能很少有可能再从小孔中射出来,也就是说这一小孔的行为相当于吸收了全部入射辐射能,即 $a(\lambda,T) \equiv 1$,因此它就是一个绝对黑体.

1897 年陆末(O. R. Lummer)和普林斯海姆(E. Pringsheim)实验测定了绝对黑体的辐射本领随波长和温度的分布,如图 2-3 所示.

他们将开有小孔的空腔加热到不同的温度,从小孔中发出来的辐射就是绝对黑体辐射.通过色散仪器(棱镜摄谱仪或光栅摄谱仪)将此辐射按波长分开,然后再用热电偶测定辐射随波长的分布.从图中可以看出:(1) 曲线下的面积就是总辐射本领,这些曲线表明,随着温度升高,总辐射本领急剧增加.(2) 每一条曲线都有一个辐射本领极大值,随着温度升高,辐射本领极大值的波长向短波方向移动.这些结果与前面所述我们的经验是一致的,也反映在如下两条定量规律中.

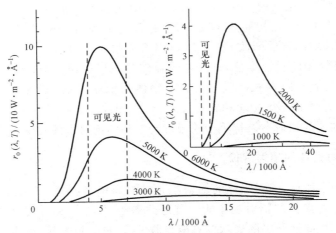

图 2-3 绝对黑体的辐射本领($1\ \text{Å}=10^{-10}\ \text{m}$)

(1) 斯特藩-玻尔兹曼定律

黑体的总辐射本领与绝对温度的四次方成正比,

$$E_0(T) = \sigma T^4. \tag{2.4}$$

式中的比例常量 $\sigma = 5.670 \times 10^{-8}\ \text{W}/(\text{m}^2 \cdot \text{K}^4)$,称为斯特藩(J. Stafan)-玻尔兹曼(L. Boltzmann)常量.

斯特藩-玻尔兹曼定律说明,黑体的总辐射本领随温度的升高急剧增大.

(2) 维恩位移律

在任何温度下,黑体辐射本领的峰值波长 λ_m 与绝对温度成反比,

$$\lambda_m T = b. \tag{2.5}$$

式中常量 $b = 2.898 \times 10^{-3}$ m·K,称为维恩常量.

维恩(W. Wien)位移律说明,随着温度升高,辐射本领峰值波长向短波方向移动.

实际物体都不是绝对黑体,这两条规律不能完全适用,但变化的趋势类似.这两条规律在实际中用于测定温度,如测定星体的温度和高炉温度.具体的方法有色温法、亮温法和辐射温度法.

- **经典理论的失败**

在实验测得黑体辐射本领分布的前后,很多物理学家试图从理论上导出结果,然而都没有取得成功.其中最著名的是维恩以及瑞利和金斯(J. H. Jeans)的工作,他们得出的黑体辐射本领公式如下:

维恩公式

$$r_0(\lambda, T) = C_1 \lambda^{-5} e^{-C_2/\lambda T}, \tag{2.6}$$

瑞利-金斯公式

$$r_0(\lambda, T) = 2\pi c \lambda^{-4} kT. \tag{2.7}$$

式中 C_1, C_2 是两个常数,c 为真空中光速,k 为玻尔兹曼常量.维恩公式在长波方面与实验测定的结果有偏离,而瑞利-金斯公式在短波方面有较大的偏离,如图 2-4 所示.这两个公式的理论出发点虽有不同,但都是基于经典物理学中的连续概念.

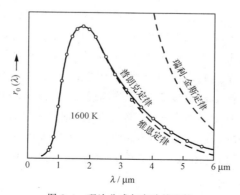

图 2-4 理论公式与实验的比较

在很长的历史时期内,不仅是经典物理学,其实整个科学和哲学界都认为,一切自然过程都是连续的,并且以此作为科学研究的信条.数学家兼哲学家的莱布尼兹(G. W. F. von Leibniz)曾经说过:"自然界没有飞跃."如果对此都要提出疑问,那么世界将会出现许多间隙,那么就会迫使我们去乞求神灵来解释自然现象了.间断性同科学格格不入.

瑞利-金斯公式的结果值得进一步分析.瑞利-金斯公式是根据经典统计物理的能均分定理导出的.能均分定理可表述为,在大量微粒组成的系统中,处于平衡态的微粒每个振动自由度的平均能量为 kT,它正是能量连续分布的产物.根据经典统计物理,处于热平衡态中能量为 ε 的微粒出现的概率与 $e^{-\varepsilon/kT}$ 成正比,谐振子的能量在 0 到 ∞ 之间连续取值,因此微粒每个振动自由度的平均能量为

$$\bar{\varepsilon} = \frac{\int_0^\infty \varepsilon e^{-\varepsilon/kT} d\varepsilon}{\int_0^\infty e^{-\varepsilon/kT} d\varepsilon} = kT. \tag{2.8}$$

在瑞利-金斯公式(2.7)中的 kT 就是每个振动自由度的平均能量,而前面的系数 $2\pi c\lambda^{-4}$ 与辐射场的自由度数目有关[①].辐射场是连续体,不是离散的质点系,其自由度数的计算我们现在不去讲它.辐射场的一个自由度的含义是指一种振动模式,辐射场自由度数也就是指辐射场振动模式的数目.上面的 $2\pi c\lambda^{-4}$ 表明辐射场的自由度数与波长有关,波长越短,自由度数越多,没有上限.瑞利-金斯公式与实际的偏离正是来源于辐射场的短波自由度数远远地太多了.

这种偏离在下述情形下尤其令人震惊和不可思议.如果我们不断给一个空腔加热或投以可见光给予能量,按照能量均分定理,这些能量要均分到各个自由度上去;而短波辐射的自由度数没有上限,因此能量将无限制地转移到短波辐射上去.这样一方面辐射与物质之间不能平衡,另一方面将发生实际上从来不曾发生过的情景,一旦打开空腔,其中将辐射出致人于死命的非常强的短波辐射.物理学家把

[①] 严格计算的结果是单位体积内、ν 附近单位频率间隔内辐射场的自由度数为 $8\pi\nu^2/c^3$.详见赵凯华等,《新概念物理教程·量子物理》,§1.6,高等教育出版社,2001.

这种偏离叫做"紫外灾难",其寓意是双关的,宇宙间充满了致人于死命的强烈短波辐射是灾难性的,经典理论的不可救药是灾难性的.

- **普朗克能量子假设**

1900 年,普朗克(M. Planck)起先利用内插法将适合于短波的维恩公式和适用于长波的瑞利-金斯公式衔接起来,得一个公式,与陆末和普林斯海姆实验测定的结果符合得很好. 为了从理论上得到它,普朗克不得不作出与经典物理格格不入的**能量子假设:谐振子与辐射场交换的能量只能是某个基本单元 ε_0 的整数倍**,即

$$\varepsilon = \varepsilon_0, 2\varepsilon_0, 3\varepsilon_0, \cdots,$$

而**基本单元 ε_0 与辐射频率成正比**

$$\varepsilon_0 = h\nu,$$

比例系数 h 称为普朗克常量.

让我们考虑物质和辐射组成的系统,物质中有谐振子. 在热平衡时,系统内部谐振子与辐射不断交换能量,交换能量为热运动能量,数量级为 kT. 如果能量是连续的,交换能量可在谐振子和辐射之间任意进行. 如果某个自由度的能量不是连续的,有一些能量的台阶 ε_0,当交换能量 $kT \ll \varepsilon_0$,则在能量交换中这个自由度将不起作用. 形象地说是这个自由度冻结. 于是对于全部自由度取平均时,则平均能量不足 kT.

由于瑞利-金斯公式与实验相比较,在短波部分有较大的偏离,而且波长越短,偏离越大. 因此可以想象,同波长越短相联系的那些自由度越不起作用. 或者说波长越短,能量的台阶越大. 合理地推论是 ε_0 与频率 ν 成正比,即 $\varepsilon_0 = h\nu$,h 是一个常量.

这样,由于能量不是连续的,在计算每个振动自由度的平均能量时,积分化为求和,(2.8)式化为

$$\bar{\varepsilon} = \frac{\sum_{n=0}^{\infty} n\varepsilon_0 e^{-n\varepsilon_0/kT}}{\sum_{n=0}^{\infty} e^{-n\varepsilon_0/kT}} = -\left[\frac{\partial}{\partial \beta} \ln\left(\sum_{n=0}^{\infty} e^{-n\varepsilon_0 \beta}\right)\right]_{\beta=\frac{1}{kT}},$$

其中等比级数

$$\sum_{n=0}^{\infty} e^{-n\varepsilon_0 \beta} = \frac{1}{1-e^{-\varepsilon_0\beta}},$$

于是

$$\bar{\varepsilon} = -\left(\frac{\partial}{\partial \beta}\ln\frac{1}{1-e^{-\varepsilon_0\beta}}\right)_{\beta=\frac{1}{kT}} = \left(\frac{\varepsilon_0 e^{-\varepsilon_0\beta}}{1-e^{-\varepsilon_0\beta}}\right)_{\beta=\frac{1}{kT}}$$

$$= \frac{h\nu}{e^{h\nu/kT}-1} = \frac{hc}{\lambda}\frac{1}{e^{hc/kT\lambda}-1}. \quad (2.9)$$

于是,普朗克得到的黑体辐射公式为

$$r_0(\lambda, T) = \frac{2\pi c}{\lambda^4}\cdot\bar{\varepsilon} = \frac{2\pi hc^2}{\lambda^5}\frac{1}{e^{hc/kT\lambda}-1}. \quad (2.10)$$

当 λ 很小时,$e^{hc/kT\lambda}\gg 1$,忽略 1 得维恩公式(2.6)式;当 λ 很大时, $e^{hc/kT\lambda}-1\approx\frac{hc}{kT\lambda}$,得瑞利-金斯公式(2.7)式. 而且根据普朗克公式还可以导出斯特藩-玻尔兹曼定律和维恩位移律. 普朗克公式获得全面的成功.

普朗克常量的现代值为

$$h = 6.626\,068\,96(33)\times 10^{-34}\,\text{J}\cdot\text{s},$$

它是一个非常重要的常量,它是保证普朗克公式与实验符合一致的不可缺少的常量. 另一方面,上面的讨论说明,它是限止能量无限制地向短波辐射转移不可缺少的常量. 虽然这个常量值很小,但是因为有 h,能量具有不连续性,当 $kT\ll h\nu$ 时,能量不连续性限制了短波自由度起作用(冻结). 如果 $h\to 0$,能量将不断向短波自由度转移,而且是无限制的,于是辐射将不断地从物质中吸取能量,导致物质的毁灭. 因此,物理学家们认为,h 不仅是正确说明黑体辐射规律不可缺少的常量,而且也是关系到保证宇宙存在的一个基本常量. 普朗克常量是否具有更为普遍的意义,我们以后再逐步揭示它.

2.2 光电效应和爱因斯坦的光子理论

- 光电效应实验规律
- 光的波动说遇到的困难
- 爱因斯坦光子理论

• 光电效应实验规律

光电效应最早是由赫兹在做电磁波实验时首先发现的.他偶尔发现受光照射的接收回路火花隙间更容易产生火花,这是细致观察实验现象的收获.19 世纪末 20 世纪初才逐渐对它作了一些较深入的研究.

研究光电效应的实验装置如图 2-5 所示.利用图示装置可测出光电效应的伏安曲线.实验结果可归纳如下:

(1) 饱和电流. 在一定光强 E 照射下,随着所加电压增大,光电流趋于一饱和值,如图 2-6 所示.实验表明,饱和电流与光强成正比.这表明单位时间内因光照射由阴极发出的电子数与入射光强成正比.

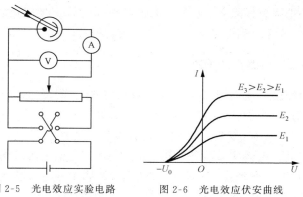

图 2-5　光电效应实验电路　　图 2-6　光电效应伏安曲线

(2) 遏止电压. 如果将反向开关拨向另一端使电流反向,光电管的两极间形成电子的减速电场.实验表明反向电压增大到一定数值 U_0,光电流减小到零.U_0 称为遏止电压.实验还表明遏止电压与光强无关,不同光强下的伏安特性曲线交于横轴同一点.遏止电压的存在意味着金属表面因光照而释放的光电子有一定的初速度上限,满足

$$\frac{1}{2}mv_m^2 = eU_0, \tag{2.11}$$

实验结果说明,光电子的最大初动能与光强无关.

(3) 截止频率(红限). 改变入射光的频率 ν,遏止电压 U_0 随之改变. 实验表明遏止电压与入射光的频率成线性关系,如图 2-7 所示. ν 减小时,U_0 也减小;当频率减小到某一频率 ν_0 时,U_0 减小到零,则光电子的最大初速度为零,这表明光电效应不发生,也就是说光电效应存在截止频率 ν_0. 当入射光的频率 $\nu \leqslant \nu_0$,不管光强有多大,光电效应都不会发生. ν_0 又称为频率红限. 相应的波长称为截止波长或红限波长.

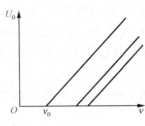

图 2-7 光电效应遏止电压与入射光频率的关系

不同金属材料的红限不同,但 U_0-ν 直线的斜率相同.

(4) 弛豫时间. 当频率超过截止频率 ν_0 的入射光照射到阴极上,无论光强怎样微弱,几乎开始照射的同时就产生光电流,说明光电效应的弛豫时间非常短. 精确测量,弛豫时间不超过 10^{-9} s 量级.

● **光的波动说遇到的困难**

初看起来,光的波动说可以说明光电效应. 阴极中的电子受到光波的作用,吸收能量,从而有可能摆脱金属表面的束缚而脱出阴极. 但是进一步考查,发现光电效应实验事实与光的波动说之间存在着尖锐的矛盾,上述实验规律中的(2)、(3)、(4)完全无法理解.

按照光的波动说,金属在光照射下,金属中的电子从入射光中吸收能量逸出表面,光电子的初动能应随光强的增大而增大. 但是实验事实却是任何金属释放的光电子的初动能与入射光强无关,而与入射光的频率成线性关系.

按照光的波动说,不论入射光的频率为多少,只要光强足够大,总可以使电子吸收足够的能量,从金属表面逸出,即不应存在红限. 但是事实是每种金属都存在频率红限 ν_0,对于频率小于 ν_0 的入射光,不管光强有多大,都不会产生光电效应.

按照光的波动说,金属中的电子从入射光中吸取能量必须积累到一定的量值,才能从金属中逸出,因而需要一定的弛豫时间. 入射光强越弱,需要的弛豫时间越长.我们可以作一点粗略的估计.采用波长为 400 nm、强度为 10^{-2} W/m² (它相当于一盏 40 W 灯泡在 20 m 外处所产生的光强)的光,射到金属钾的表面,钾的逸出功为 $A = 2.22$ eV.设被原子吸收的能量全部用于使电子获得能量挣脱表面逸出功的束缚,因此

$$(10^{-2}\ \text{W/m}^2) \cdot \pi (10^{-10}\ \text{m})^2 \cdot t = 2.22 \times 1.6 \times 10^{-19}\ \text{J},$$

所以 $\quad t = \dfrac{2.22 \times 1.6 \times 10^{-19}}{3.14 \times 10^{-22}}\ \text{s} = 1.13 \times 10^3\ \text{s} = 18.8\ \text{min}.$

这表明按照光的波动说,光照射钾金属表面 18.8 分钟以后才能产生光电效应.然而实验中几乎在光照的同时,不超过 10^{-9} s 量级即观察到光电效应.

- **爱因斯坦光子理论**

普朗克的能量子假设是对经典物理学的一次革命性的突破,传统的经典物理学家是难于接受的.在开始的几年里它没有受到重视,当时的物理学界几乎没有去讨论它,更不消说去认识它的开创性意义.最早认识到普朗克工作的意义是年轻的爱因斯坦,他在 1905 年的一篇论文中,认为普朗克讨论辐射问题的崭新观点还不够彻底,仅仅认为器壁谐振子与辐射交换能量才显示出不连续性,不能消除光的产生和转换现象中与实验的不一致,应该认为辐射场本身就是不连续的.他研究了黑体辐射、光致发光、光电效应和光电离等现象的观测结果,进一步提出光具有微粒性,**不仅在发射和吸收时,光的能量是一份一份的,而且光本身就是由一个个集中存在的、不可分割的能量子组成**[①],频率为 ν 的能量子为 $h\nu$,h 为普朗克常量.这些能量子后来称为光子.于是在光电效应中,金属中的自由电子吸收一个光子获得能量 $h\nu$,一部分用来克服金属表面的逸出功,剩下的部分表现为电子逸出金属表面后的初动能,即

---

① 这种把光束看成是由光子组成的观念是量子论发展早期的粗浅说法,它对于正确理解光的二象性会带来许多困惑.例如光的干涉现象是如何产生的,等等.现代关于光的研究认为,只有在光和物质相互作用时才会出现光子概念,而在光的传播中是不适宜使用光子概念的.因此我们不能把"光束由光子流组成"看得太认真.

$$h\nu = \frac{1}{2}mv^2 + A \qquad (2.12)$$

或
$$\frac{1}{2}mv^2 = h\nu - A, \qquad (2.12')$$

式中 A 为金属的逸出功,此式称为爱因斯坦公式. 由此,光电效应实验结果非常容易理解.

(1) 爱因斯坦公式直接表明光电子的初动能与入射光的频率成线性关系,与光强无关.

(2) 爱因斯坦公式表明,存在截止频率,只有当 $h\nu > A$ 时,才有光电子逸出,$\nu_0 = A/h$ 就是光电效应的截止频率.

(3) 电子吸收光子的全部能量,不需要积累能量的时间,自然几乎是瞬时发生的.

(4) 光强大时,能流密度大,包含的光子数多,照射金属时产生光电子多,因而饱和电流大,从而饱和电流与光强成正比.

1916 年密立根做了较为精确的实验,测定入射光不同频率 ν 下的遏止电压 U_0, 证明 U_0-ν 关系确实是一条很好的直线. 根据爱因斯坦公式,直线的斜率为 h/e. 密立根根据实验测定的斜率和电子电荷,计算所得的普朗克常量,与普朗克根据黑体辐射得出的 h 值,在 0.5% 精度内符合一致. 可以看出普朗克常量在光电效应中起着重要的作用.

2.3 康普顿效应

• 概述   • 康普顿效应实验规律   • 康普顿效应理论解释

• **概述**

1918~1922 年,康普顿(A. H. Compton)研究 X 射线经物质的散射,发现了 X 射线散射的康普顿效应. 为了从理论上加以说明,康普顿进一步充实了爱因斯坦的光子概念:光是由光子组成,光子是整体起作用的;光子不仅具有能量,而且还具有动量. 根据狭义相对论,光子的能量为 $h\nu$ 时,其质量为 $m = h\nu/c^2$, 而光子的速度为 c, 因

此光子的动量为

$$p = mc = \frac{h\nu}{c} = \frac{h}{\lambda}. \qquad (2.13)$$

康普顿效应在消除物理学家们对于光子概念的疑虑方面,起过重要的作用.

- **康普顿效应实验规律**

康普顿研究 X 射线经物质散射的实验装置如图 2-8 所示. 波长为 λ_0 的单色 X 射线射到散射物质 R 上, 经散射后, 散射 X 射线的波长和强度可以通过晶体衍射和游离室接收加以测定. 实验的结果如下.

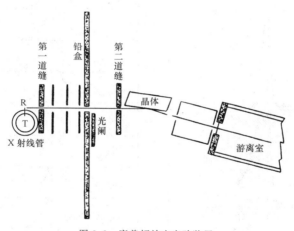

图 2-8 康普顿效应实验装置

(1) 散射 X 射线中除了有原波长为 λ_0 的射线外, 还有波长大于 λ_0 的射线 λ.

(2) 波长差 $\Delta\lambda = \lambda - \lambda_0$ 随散射角 θ 增大而增大, 如图 2-9 所示. 实验测到的规律为

$$\Delta\lambda = 2 \times 0.0241 \sin^2 \frac{\theta}{2} (\text{Å}), \qquad (2.14)$$

而且散射线中波长为 λ_0 的射线强度随 θ 增大而减小; 波长为 λ 的射线强度随 θ 增大而增大.

(3) 在相同散射角下, 不同金属散射物质引起的 $\Delta\lambda$ 相同, 与入

射 X 射线波长 λ_0 以及散射物质均无关,但波长 λ_0 的强度随原子序数增大而增大,而波长 λ 的强度随原子序数增大而减小,如图 2-10 所示.

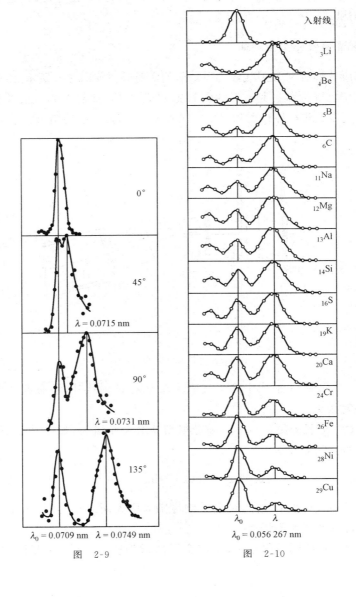

图 2-9

图 2-10

- **康普顿效应理论解释**

从经典物理无法理解康普顿效应.按照经典物理,光的散射过程如下:入射光引起物质内带电粒子受迫振动,振动着的带电粒子从入射光波中吸收能量,并向四周辐射,这就是散射光.散射光的频率等于带电粒子受迫振动的频率,也等于入射光的频率.因而散射光的波长也与入射光的波长相同,不应出现 $\lambda > \lambda_0$ 的射线.

康普顿用光子概念非常成功而简单地解释了康普顿效应.在这种解释中,光的粒子性图像特别突出,他把 X 射线被物质的散射看成是入射的 X 射线光子与物质中的静止自由电子作弹性碰撞.如图 2-11 所示,碰撞前光子的能量为 $h\nu_0$,动量为 $\dfrac{h\nu_0}{c}\boldsymbol{n}_0$;电子的能量为 $m_0 c^2$,动量为零.碰撞后光子的能量为 $h\nu$,动量为 $\dfrac{h\nu}{c}\boldsymbol{n}$;电子的能量为 mc^2,动量为 $m\boldsymbol{v}$.碰撞为弹性的,根据能量守恒和动量守恒,有

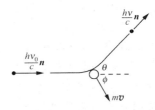

图 2-11 光子和静止自由电子的碰撞

$$\begin{cases} h\nu_0 + m_0 c^2 = h\nu + mc^2, & (2.15) \\ \dfrac{h\nu_0}{c}\boldsymbol{n}_0 = \dfrac{h\nu}{c}\boldsymbol{n} + m\boldsymbol{v}, & (2.16) \end{cases}$$

式中电子的质量 m 和 m_0 满足相对论质速关系

$$m = \frac{m_0}{\sqrt{1 - \dfrac{v^2}{c^2}}}. \tag{2.17}$$

(2.16)式为矢量式,可写成两个分量式

$$\begin{cases} \dfrac{h\nu_0}{c} = \dfrac{h\nu}{c}\cos\theta + mv\cos\phi, \\ \dfrac{h\nu}{c}\sin\theta = mv\sin\phi, \end{cases}$$

从两式中消去 ϕ,得

$$m^2 v^2 c^2 = h^2(\nu_0^2 + \nu^2 - 2\nu_0\nu\cos\theta), \tag{2.18}$$

将(2.15)式中 $h\nu$ 移到等式左边,再平方,可得

$$m^2c^4 = h^2(\nu_0^2 + \nu^2 - 2\nu_0\nu) + m_0^2c^4 + 2hm_0c^2(\nu_0 - \nu), \quad (2.19)$$

将(2.19)式减去(2.18)式,再代入(2.17)式得

$$2h^2\nu_0\nu(1 - \cos\theta) = 2hm_0c^2(\nu_0 - \nu),$$

于是

$$\Delta\lambda = \lambda - \lambda_0 = \frac{c}{\nu} - \frac{c}{\nu_0} = \frac{c(\nu_0 - \nu)}{\nu_0\nu}$$

$$= \frac{h}{m_0c}(1 - \cos\theta) = \frac{2h}{m_0c}\sin^2\frac{\theta}{2}. \quad (2.20)$$

对于电子

$$\frac{h}{m_0c} = \frac{6.63 \times 10^{-34}}{9.10 \times 10^{-31} \times 3 \times 10^8} \text{Å} = 0.0243 \text{ Å},$$

(2.20)式表明,波长差 $\Delta\lambda$ 与散射物质的种类及入射 X 射线的波长无关,仅由散射角 θ 决定,此结果与实验符合的精度很高. 反过来,根据康普顿效应的波长差的测量,可确定普朗克常量. 所得的结果与黑体辐射和光电效应所测定的结果符合得很好.

实验中散射 X 射线中除了波长 λ 的射线外,还有 λ_0 的射线. 这一点可以这样来理解:散射物质中的电子束缚在原子上,外层的电子与原子核的束缚较弱. 对于能量较高的 X 射线,与这类电子的碰撞可以看成是 X 射线光子与静止自由电子的碰撞. 另一种情形是内层的电子与原子核的束缚较强,光子与内层电子的碰撞实在是光子与原子的碰撞. 对于光子与原子的碰撞,上述演算仍然适用,只是(2.20)式中的 m_0 应是原子的质量,它比电子的质量大上万倍. 于是 $\Delta\lambda$ 很小,实际观察到的 λ_0 线就是光子与原子碰撞的结果. 随着原子序数的增大,电子数增大,内层电子数的相对比例增大,而外层电子数相对比例减小,不难看出,λ_0 的散射强度随原子序数增大而增大,λ 的散射强度随原子序数的增大而减小.

散射线强度随散射角的变化也可解释如下:当散射角 θ 较小时,光子与电子的碰撞使电子获得的反冲较小,不容易脱离原子核的束缚,也就是说电子不容易电离,结果发生的是光子与原子的碰撞,故 λ_0 线的强度较大;当 θ 较大时,碰撞使电子获得的反冲较大,电子容易脱离原子核的束缚,也就是说电子容易电离,结果发生的是光子与电子的碰撞,故 λ 线的强度较大.

2.4 玻尔的氢原子理论

可见在康普顿效应中,普朗克常量 h 也起着重要作用.

总之,康普顿效应不仅进一步增强了人们关于光子概念的信心,而且也证实了在微观过程中能量守恒定律和动量守恒定律是成立的.

2.4 玻尔的氢原子理论

- 原子的核式结构
- 氢原子光谱规律
- 玻尔氢原子理论
- 弗兰克-赫兹实验
- 特殊的氢原子体系
- 玻尔理论的发展及其局限性

● 原子的核式结构

进入 20 世纪,物理学研究深入到微观领域,自然提出物质的组成和原子的结构等问题.

J.J. 汤姆孙(J.J. Thomson)于 1897 年发现电子后,1903 年提出一种当时最有影响的原子结构模型.他设想原子是一个半径约为 10^{-10} m 的带正电的球体,带负电的电子镶嵌其中,原子好像一个带无核葡萄干的小圆面包,电子可在其平衡位置附近作微小振动.观察到的原子发光现象似乎可以用电子振动时产生的辐射加以说明.

1908 年,盖革、马斯登在卢瑟福(E. Rutherford)领导下做 α 粒子散射实验,用准直的 α 射线轰击厚度为 10^{-6} m 的金箔,发现大部分 α 粒子照直穿过金箔,散射方向与入射方向之间的夹角都在 1°以内,但有少数 α 粒子发生大得多的偏转,大约有 1/8000 的 α 粒子散射角可大于 90°.这从汤姆孙原子模型是很难理解的.问题不在于大量 α 粒子可以照直穿过金箔,而在于有 1/8000 的 α 粒子发生大角散射.按照电磁理论,当 α 粒子进入原子球到达距中心 r 处,只有 r 以内的电荷部分才对 α 粒子起排斥作用,α 粒子进入原子球离球心越近,所受的斥力则越小,散射角很小是理所当然的.虽然金箔的厚度仍然可包含 10^4 个原子,根据随机事件的统计理论,估计 α 粒子每次都在同一方向上偏转而达到大角散射的概率微乎其微,也远远小于 1/8000.

卢瑟福仔细分析了实验结果,认为散射过程必定始终是原子的整个电荷起作用,1911 年他提出原子的核式模型,与原子质量相联系的带正电的原子核占原子尺度的很小部分,集中在原子的中心,带负电的电子则分布在核外,由此导出 α 粒子散射公式.后来进一步的实验全面验证了 α 粒子散射公式,证明卢瑟福的原子核式模型是正确的.根据实验的资料,可得出原子核的半径不足 10^{-14} m.

卢瑟福的原子核式模型还是很不完善的,它并没有告诉我们电子在核外是如何分布的,也不能说明不同原子的物理、化学性质不同起源于什么,这是需要进一步探讨的问题.比较严重的问题是它不能说明原子的稳定性.显然,核外的电子不可能是静止的,因为核对电子的静电引力将把电子拉入原子核.于是设想行星式的原子模型,电子绕核运动犹如行星绕太阳运动.虽然万有引力系统是稳定的,但是电力系统是不稳定的.电子绕核运动有加速度,根据电磁理论,加速的带电粒子要辐射电磁波,于是绕核运动的电子终将不断辐射电磁波,而丧失能量,沿着螺旋线坍缩到原子核.另一个比较深刻的问题是它不能说明原子的同一性.对于一种特定的样品,所有的原子不管它是哪里的,都有相同的结构;而且一个原子同外来粒子相互作用之后,可能有某种改变,而当外来粒子离去后,不久原子又恢复原来的状态.宇宙间只存在种类为数不多的原子.应该指出,原子的稳定性和同一性是物质世界极为显著的特征.

在人类认识自然发展的过程中,古代哲人常有些有意思的联想和猜测.古希腊的毕达哥拉斯研究过弦振动发出的乐音音阶具有简单的数字比例关系.这一发现给他以深刻的印象,以致他认为这种简单的数字比例关系是万物的一切,他提出"万物皆数",甚至天体的运行也是由这些关系所决定,因而体现了"天体的和谐",它们是宇宙间神圣秩序的显现,因此不仅太阳系的一般结构,而且那些行星轨道的特点、形状和实际周期本身,也都是意义重大的和预先唯一地确定了的,任何偏离都会扰乱天体的和谐.

牛顿建立了第一个严密的自然科学理论体系——牛顿力学体系,它把对事物的科学认识建立在严密的逻辑基础之上,它粉碎了古代人的臆测,也抛弃了毕达哥拉斯的太阳系图像.贯穿在牛顿力学中的物理思想是:基本运动定律决定了运动的一般特征,而具体的运动轨道则取决于初始条件.牛顿力学承认初始条件存在范围很大的各种可能性,它们可以取连续变化的数值.因此,我们相信,在宇宙中可能有许许多多别的太阳系,其行星的轨道同我们的太阳系可能很不一样.

然而当我们深入到原子领域,我们遇到牛顿力学无法说明的自然界非常显著的特征,那就是原子的稳定性和同一性.由此,我们相信一定有某种支配原子稳定性和同一性的原理还没有被人们所认识,它能够说明原子的稳定性和同一性;它还能够告诉我们原子为什么具有这样的大小;此外在经典物理学之内,物质的性质如弹性、比热容、黏度、电导率、介电常数,等等,是一些实验观测的量,很难向它们提出为什么,可以期望在新一代的物理学中,可找到这些实验观测的经验数据的更深刻的原因.

- **氢原子光谱规律**

量子论的进一步发展是在说明氢原子光谱结构中发展起来的.原子光谱是一种重要的原子现象,它提供有关原子结构的丰富信息.自从19世纪中叶分光仪器的发展,人们就开始了关于光谱的广泛研究,积累了大量观测资料.人们发现各种物质的气体光谱大都是离散的线状谱线,而且谱线的结构是完全确定的,不同物质的气体光谱不同.气体是物质呈现离散的原子分子状态,这些线状光谱就是原子光谱.氢原子光谱最为简单.

1885年,巴耳末(J.J. Balmer)首先将早先观测到的4条氢原子光谱线的波长用经验公式表示为

$$\lambda = B\frac{n^2}{n^2-4}, \tag{2.21}$$

式中 B 为恒量,其值为 3645.7 Å,n 为一些整数.当 $n=3,4,5,6$ 时,上式分别给出4条氢光谱线 $H_\alpha, H_\beta, H_\gamma, H_\delta$ 的波长值.巴耳末发现他的公式还可以概括当时从恒星光谱中发现的氢的5条紫外谱线.1890年,里德伯(J.R. Rydberg)把氢原子光谱的巴耳末公式改写成波数表示形式

$$\tilde{\nu} = R_H\left(\frac{1}{2^2} - \frac{1}{n^2}\right), \quad n = 3,4,5,6,\cdots, \tag{2.22}$$

式中 $\tilde{\nu}=1/\lambda$ 称为波数,$R_H=1.0967758\times 10^7$ m^{-1}=$4/B$,称为里德

伯常量. 由此巴耳末公式给出的一系列谱线叫做巴耳末线系. 实际拍摄到的氢原子光谱巴耳末线系如图 2-12 所示.

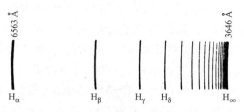

图 2-12 氢原子巴耳末线系

将氢原子光谱规律写成(2.22)式形式是一大进步. 它暗示可能存在另外一些线系,后来果然分别被观察到,

莱曼(Lyman,1906)线系, $\tilde{\nu} = R_H \left(\dfrac{1}{1^2} - \dfrac{1}{n^2} \right)$, $n = 2,3,4,\cdots$

帕邢(Paschen,1908)线系, $\tilde{\nu} = R_H \left(\dfrac{1}{3^2} - \dfrac{1}{n^2} \right)$, $n = 4,5,6,\cdots$

布拉开(Brackett,1922)线系, $\tilde{\nu} = R_H \left(\dfrac{1}{4^2} - \dfrac{1}{n^2} \right)$, $n = 5,6,7,\cdots$

普丰德(Pfund,1924)线系, $\tilde{\nu} = R_H \left(\dfrac{1}{5^2} - \dfrac{1}{n^2} \right)$, $n = 6,7,8,\cdots$

汉弗莱(Humphreys,1953)线系, $\tilde{\nu} = R_H \left(\dfrac{1}{6^2} - \dfrac{1}{n^2} \right)$, $n = 7,8,9,\cdots$

这些线系可以概括在一个公式中,

$$\tilde{\nu} = R_H \left(\dfrac{1}{m^2} - \dfrac{1}{n^2} \right), \tag{2.23}$$

此式称为广义巴耳末公式.

- **玻尔氢原子理论**

1913 年玻尔(N. Bohr)提出一个解释氢原子光谱的理论非常成功,它也解救了原子行星模型的困境. 它以下述三个基本假设为基础:

(1) **定态假设**. 原子中存在具有确定能量的定态,在该定态中,电子绕核运动不辐射也不吸收能量.

(2) **跃迁假设**. 只有当原子从具有较高能量 E_n 的定态跃迁到较低能量 E_m 的定态时,才能发射一个光子,其频率 ν 满足

$$h\nu = E_n - E_m, \tag{2.24}$$

式中 h 为普朗克常量,反之,原子在较低能量 E_m 的定态,吸收频率为 ν 的光子,跃迁到较高能量 E_n 的定态.

(3) **量子化条件**[①]. 氢原子中容许的定态是电子绕核圆周运动的角动量满足

$$mvr = n\hbar, \quad n = 1,2,3,\cdots, \tag{2.25}$$

式中 $\hbar = h/2\pi$ 称为约化普朗克常量,n 称为量子数.

考虑氢原子中电子绕核作圆周运动,其运动方程为

$$\frac{1}{4\pi\varepsilon_0}\frac{e^2}{r^2} = m\frac{v^2}{r}, \tag{2.26}$$

式中 r 为电子绕核的轨道半径,e 为电子电荷的绝对值,m 为电子质量,v 为电子速率. 根据量子化条件(2.25)式和(2.26)式可解出氢原子中容许的定态的电子轨道半径为

$$r_n = \frac{4\pi\varepsilon_0 \hbar^2}{me^2} \cdot n^2, \quad n = 1,2,3,\cdots, \tag{2.27}$$

式表明氢原子中定态的电子绕核轨道半径是量子化的,其中 $n=1$ 的轨道半径最小,为

$$a_0 = \frac{4\pi\varepsilon_0 \hbar^2}{me^2} = 5.291\,770\,6 \times 10^{-11}\ \text{m} \approx 0.529\ \text{Å}, \tag{2.28}$$

称为**玻尔半径**,它反映了氢原子正常情形下的大小. 由此式可以看出,氢原子的半径所以具有 10^{-10} m 的量级是由量子化条件决定的,即由普朗克常量 h 决定.

电子在某一定态轨道上运动时,原子系统的总能量为

$$E = E_k + E_p = \frac{1}{2}mv^2 - \frac{e^2}{4\pi\varepsilon_0 r} = -\frac{e^2}{8\pi\varepsilon_0 r}, \tag{2.29}$$

式中已用到(2.26)式. 将(2.27)式代入,得

$$E_n = -\frac{me^4}{2(4\pi\varepsilon_0)^2 \hbar^2} \cdot \frac{1}{n^2}. \tag{2.30}$$

---

① 其实,当初玻尔只作了前两条假设,此外他还提出对应原理:量子理论在极限条件下表现出与经典理论趋于一致的结果. 由此可以导出角动量量子化条件(2.25)式. 对应原理是探索新理论形式的一条重要途径,而正文的阐述是出于教学考虑,其优点是突出量子化条件的作用,玻尔理论在形式上显得非常简捷.

此式表明氢原子的定态能量是量子化的,其中能量最低的定态能量为

$$E_1 = -\frac{me^4}{2(4\pi\varepsilon_0)^2 \hbar^2} \approx -13.6 \text{ eV}. \quad (2.31)$$

根据玻尔跃迁假设,从高能态跃迁到低能态,辐射能量为 $h\nu$ 的光子,因此氢原子光谱的波数为

$$\tilde{\nu} = \frac{1}{hc}(E_n - E_m) = \frac{me^4}{4\pi(4\pi\varepsilon_0)^2 \hbar^3 c}\left(\frac{1}{m^2} - \frac{1}{n^2}\right), \quad (2.32)$$

此式与广义巴耳末公式形式完全相同,两式相比较,有

$$R_\infty = \frac{me^4}{4\pi(4\pi\varepsilon_0)^2 \hbar^3 c}. \quad (2.33)$$

这样我们得到用基本常量表示的里德伯常量(这里用 R_∞ 表示),代入各基本常量的值,得

$$R_\infty = 1.097\,373\,1 \times 10^7 \text{ m}^{-1}.$$

理论与实验结果符合得相当好.说明玻尔理论相当成功.

根据玻尔理论可画出氢原子的能级图,如图 2-13 所示,能级间跃迁的各线系也示于图中.其中能量最低的定态称为基态,以上依次是第一激发态、第二激发态,等等.

玻尔氢原子理论也可很好地说明类氢离子,即核外只有一个电子的离子,如 He^+,Li^{++},Be^{+++} 的光谱,它们具有类似氢原子的结构,其能级跃迁的波数公式为

$$\tilde{\nu} = \frac{Z^2 me^4}{4\pi(4\pi\varepsilon_0)^2 \hbar^3 c}\left(\frac{1}{n_1^2} - \frac{1}{n_2^2}\right) = Z^2 R\left(\frac{1}{n_1^2} - \frac{1}{n_2^2}\right), \quad (2.34)$$

式中 Z 为原子序数,R 为里德伯常量,n_1,n_2 为量子数.

然而,由基本常量计算的里德伯常量 R_∞ 与不同元素类氢离子光谱中的里德伯常量 R 的微小差别,说明在上述理论中必定存在某种未考虑到的因素,这一未考虑到的因素就是核质量的影响.在上面的理论中认为核不动,外围的一个电子绕核运动,这相当于核质量为无穷大.实际上核具有有限质量,因此实际上是核和电子绕共同的质心运动.考虑到这一因素,结果是用折合质量取代电子的质量,将两体问题化为单体问题,因此,

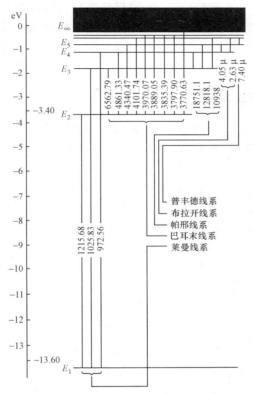

2-13 氢原子能级图（图中跃迁波长单位为 Å，$\mu=\mu$m）

$$R = \frac{\mu e^4}{4\pi(4\pi\varepsilon_0)^2 \hbar^3 c} = \frac{1}{1+\frac{m}{M}} R_\infty, \quad (2.35)$$

式中折合质量 $\mu = \frac{Mm}{M+m}$，m 是电子的质量，M 是核的质量，对于氢

$$R_H = \frac{1}{1+\frac{1}{1836}} R_\infty = 1.096\,776\,3 \times 10^7\,\text{m}^{-1}.$$

这与前面给出的根据光谱实验测得的数据 $1.096\,775\,8 \times 10^7\,\text{m}^{-1}$ 符合得很好.

历史上曾利用里德伯常量随原子核质量的变化来确认同位素氘

的存在. 1932 年尤里(H. C. Urey)观察含有氘的氢光谱,发现其巴耳末线系的前四条谱线都是双线. 他测量了这些双线的波长差,与根据氘核与氢核质量上的差别引起的里德伯常量不同造成的波长差相符,从而肯定了同位素氘的存在.

- **弗兰克-赫兹实验**

玻尔理论的一个重要结论是原子中存在能量不连续的定态. 1914 年弗兰克(J. Franck)-赫兹(G. L. Hertz)实验给予直接证明,其主导思想如下. 电子与原子的碰撞可以看成是小球与大球的碰撞. 当碰撞是弹性的,机械能没有丧失; 而当碰撞是非弹性的,电子的机械能转移为原子内部的能量. 如果原子内部的能量是连续的,则电子能量通过碰撞的丧失是连续的; 如果原子内部的能量是量子化的,则只有当电子的动能大于原子的能级差,电子的动能才有可能转化为原子内部的能量,否则电子与原子的碰撞将是弹性的,也就是说如果原子的能量是量子化的,则电子动能的丧失也是量子化的. 因此可以通过实验来鉴别.

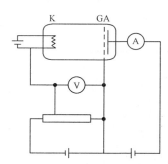

图 2-14 弗兰克-赫兹实验装置

弗兰克-赫兹实验装置如图 2-14 所示. 特制的玻璃泡内抽空充入稀薄的待测气体. 玻璃泡内封接有热阴极 K、栅极 G 和阳极 A. 在 K 与 G 之间加电压使电子加速,在 G 与 A 之间加 0.5 V 的反向电压. 当热阴极发射的电子在 K 和 G 间的电场下加速,并与原子碰撞,如果能量并未显著减小,可冲过 G, A 间的反向电场区到达阳极,形成的电流在电流计上显示出来; 如果电子因与原子碰撞而显著丧失能量,不足以克服反向电场,则不能到达阳极,电流计显示的电流很小.

实验最初研究的是汞蒸气. 连续增加 K 和 G 间的电压 U,测得的电流 I 与电压 U 的曲线如图 2-15 所示. 曲线出现周期性的峰值,相邻峰值的电压为 4.9 V. 实验结果的合理解释是当所加电压不足 4.9 V 时,从阴极热发射出来的电子加速获得的动能不足 4.9 eV,电子与汞原子发生弹性碰撞,能量不会转移给原子内部,随着电压增高,电流增大.当所加的电压达到 4.9 V 且超过不多时,电子与汞原子可发生一次非弹性碰撞,将 4.9 eV 的能量转移给汞原子,电子所剩的能量不大,不足以越过栅极和阳极之间的反向电压区,因而不能到达阳极,从而阳极电流陡然下降.以后随着电压增加,电子与汞原子非弹性碰撞后能量丧失又重新加速,可越过反向电场区到达阳极,阳极

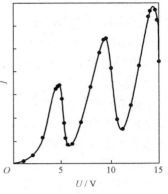

图 2-15 弗兰克-赫兹实验结果

电流重新回升.当电子的能量增加到与汞原子发生第二次非弹性碰撞时能量丧失,阳极电流再次陡降,依次类推.因此,弗兰克-赫兹实验确实证明原子内部存在能量不连续的定态,4.9 eV 就是第一激发态相对于基态的能量.对应于第一激发态与基态之间跃迁的辐射光波波长为

$$\lambda = \frac{hc}{eU} = \frac{6.63 \times 10^{-34} \times 3 \times 10^8}{4.9 \times 1.6 \times 10^{-19}} \text{Å} = 2.5 \times 10^3 \text{Å}.$$

后来弗兰克改进实验确实观察到汞的 2537Å 的谱线,而没有其他谱线,原子中的定态得到了很好的证实.

- **特殊的氢原子体系**

20 世纪中期发现了一些非常类似于氢原子的体系,它们完全可以用玻尔氢原子理论来处理,它们在近代基础研究中具有重要的意义,它们就是里德伯原子和奇特原子(粒子素).

里德伯原子 当原子中有一个电子被激发到很高的能级(量子数 n 很大),我们称它处于里德伯态,这时的原子称为里德伯原子.实验室已可制备出 $n=200$ 的氢原子,在星际介质中已观测到 $n=350$ 的氢原子.在里德伯原子中,被激发的电子离开原子的核心部分很远,核心对电子的作用相当于一个有效电荷为 1 的点电荷,因此和氢原子的结构类似,可用玻尔理论来处理.

里德伯原子有一些独特的性质,它的尺度很大,当 $n=100$ 时,电子轨道半径达 $0.53\,\mu m$,常称为"胖原子";其相邻能级的间隔很小,$n=100$ 时,$\Delta E \approx 2.7\times10^{-5}$ eV,与能级间隔相对应的辐射波长从红外区扩展到微波区,而且原子很容易被电离;里德伯原子的寿命很长,可达 $(10^{-3}-1)$ s 量级;里德伯原子与电磁辐射的相互作用极其灵敏,结果里德伯原子的辐射吸收率和发射率非常大.由此它可被当作探针用来测量微波、射电波及作为检验电磁场的探测器,并检测天体及实验室等离子体的密度和温度等等.

奇特原子 奇特原子是指由 $\mu^{\pm}$ 子、$\tau^{\pm}$ 子、$\pi^{\pm}$ 介子、$D^{\pm}$ 介子、正电子、反质子,$\Sigma^{\pm}$ 超子和 Ω^{-} 超子等粒子分别取代普通原子中的电子、原子核或取代两者通过电磁作用形成的原子,其中原子核被取代又称为粒子素.由于这些粒子质量不同于电子或质子的质量,因而相应的奇特原子和氢原子相比有不同的折合质量,从而轨道半径、能级和光谱波长亦不相同.例如电子被 μ^{-} 取代所形成的 μ 原子,折合质量 $\mu \approx 186 m_e$,故其轨道半径为氢原子的 $1/186$,能量为氢原子的 186 倍;质子被正电子 e^{+} 取代所形成的电子偶素的折合质量 $\mu=0.5 m_e$,其轨道半径是氢原子的 2 倍,而能量及相应谱线的波数都是氢原子的 $1/2$.

由于奇特原子中含有其他带电粒子,奇特原子的研究提供了其他带电粒子属性的珍贵资料,例如 μ 子的基本性质(质量、磁矩)的最精确的数值来自 μ 子素的研究,此外电子偶素和 μ 子素由于仅含有轻子,没有强相互作用粒子,特别适合于用来验证量子电动力学,因而引起人们的浓厚兴趣.

- **玻尔理论的发展及其局限性**

玻尔理论是继普朗克量子假说和爱因斯坦光子理论之后向微观研究领域跨出的重要一步,它开创了原子现象研究的先河.玻尔理论表明普朗克常量在原子现象中也起着重要作用,它不仅决定了原子的大小,原子的能级结构,它也很好说明氢原子光谱.

玻尔理论的成功鼓舞人们推广它并研究其他原子现象,其中最著名的是索末菲的椭圆轨道理论以及考虑相对论效应的修正,两者都取得一些有意义的结果.前者考虑了电子绕核空间椭圆轨道运动,引入三个量子数,主量子数决定了电子轨道大小和电子能量的量子化,角量子数决定了电子轨道形状和电子绕核运动的角动量的量子化,磁量子数决定了角动量的空间取向和轨道的空间取向的量子化;后者导出了氢原子的能级和光谱的精细结构,与实际符合得很好.索末菲的理论被进一步应用于原子在磁场和电场中光谱分裂,等等,取得一定的成功.然而玻尔理论很快显示出很大的局限性,这种局限性既表现在理论的功能方面,也表现在理论本身的和谐性方面.在理论的功能方面,玻尔理论对于核外只有一个电子的类氢离子系统可以解决得较好,而对于稍为复杂一点有两个电子的氦原子系统就无能为力,更不消说多电子系统的复杂原子了;就是对于单电子系统也只能求出辐射光谱频率,而谱线的强度和线宽等却无法说明.另一方面玻尔理论既要用到经典物理的基本定律,又须作出一些与经典物理格格不入的基本假设,理论本身缺乏和谐性.因此它只是一种过渡性的理论,形势的发展需要一个彻底变革经典物理概念、自洽而又能说明众多原子现象的崭新理论,这就是下一章将介绍的量子力学理论.

习　题

2.1　用辐射温度计测得从一炉子的小孔射出的热辐射的总辐射本领为 $22.8\,\mathrm{W/cm^2}$,试计算炉子的内部温度.

2.2　如果将星球看成绝对黑体,利用维恩位移定律测量 λ_m 便可估计其表面温度.现测得北极星的 $\lambda_\mathrm{m}=3500\,\mathrm{Å}$,试求它的表面温度.

2.3　黑体在某一温度时总辐射本领为 $6.8\,\mathrm{W/cm^2}$,试求这时辐射本领具有最大值的波长 λ_m.

2.4　黑体在加热过程中其最大辐射本领的波长由 $0.60\,\mu\mathrm{m}$ 变化到 $0.40\,\mu\mathrm{m}$,求总辐射本领增加了几倍.

2.5　热核爆炸中火球的瞬时温度达到 $1.00\times10^7\,\mathrm{K}$,求:

(1) 辐射最强的波长 λ_m;

(2) 这种波长的光子能量是多少?

2.6　试分别用焦耳和电子伏特为单位表示下列各种光子的能量:(1) 无线电短波 $\lambda=10.0\,\mathrm{m}$;(2) 红外光 $\lambda=2.50\,\mu\mathrm{m}$;(3) 可见光

$\lambda = 5000\ \text{Å}$;(4)紫外光 $\lambda = 280\ \text{nm}$;(5) X 射线 $\lambda = 1.00\ \text{Å}$.

2.7 已知钾的光电效应红限 $\lambda_0 = 5.5 \times 10^{-7}\ \text{m}$,求:

(1) 钾的逸出功;

(2) 在波长 $\lambda = 4.8 \times 10^{-7}\ \text{m}$ 的可见光照射下,钾的遏止电压.

2.8 从钠中逸出一个电子至少需要 2.3 eV,若有波长为 4000 Å 的光投射到钠的表面上,问:

(1) 钠的截止波长为多少?

(2) 出射光电子的最大动能为多少?

(3) 出射光电子的最小动能为多少?

(4) 遏止电压为多少?

2.9 设在光电效应的实验中,测得某金属的遏止电压 U_0 与入射光波波长有下列对应关系:

U_0/V	$\lambda/\text{Å}$
1.40	3600
2.00	3000
3.10	2400

试用作图法求:

(1) 普朗克常量 h;

(2) 该金属的逸出功;

(3) 该金属光电效应的红限.

2.10 铝的逸出功是 4.2 eV,今用波长为 200 nm 的光照射铝表面,求:

(1) 光电子的最大动能;

(2) 遏止电压;

(3) 铝的红限波长.

2.11 在康普顿散射中,入射光波长 $\lambda_0 = 0.20\ \text{Å}$,在偏离入射光束 90°角方向观察散射线,求:

(1) 波长改变量 $\Delta\lambda$;

(2) 波长改变量与原波长的比值.

2.12 入射的 X 射线光子的能量为 0.60 MeV,被自由电子散射后波长变化了 20%.求反冲电子的动能.

2.13 波长为 3.00×10^{-2} Å 的入射光在石蜡上发生康普顿散射,当光子的散射角为 $\pi/4, \pi/2$ 和 π 时,求反冲电子所获得的能量.

2.14 能量为 0.41 MeV 的 X 射线光子与静止的自由电子碰撞,反冲电子的速度为光速的 60%,求散射光子的波长和散射角.

2.15 利用巴耳末公式计算巴耳末线系中可见区的四条谱线的波长.里德伯常量 $R_\infty = 1.097\times 10^7$ m.

2.16 用能量为 12.9 eV 的电子使处于基态的氢原子激发,可产生哪些谱线?它们分属于什么线系?

2.17 设氢原子处于某一定态,从该定态移去电子需要 0.85 eV 的能量.从上述定态向激发能为 10.2 eV 的另一定态跃迁时,所产生的谱线波长是多少?属于什么线系?在能级图上画出相应的跃迁.

2.18 静止氢原子从 $n=4$ 到 $n=1$ 跃迁时,氢原子的反冲速度是多少?

2.19 求氦离子 He$^+$ 的电离能、第一和第二激发能、莱曼系第一条谱线的波长、巴耳末系限波长和玻尔轨道半径.

2.20 1932 年尤里在实验中发现,在氢的 H$_\alpha$ 线($\lambda = 656.279$ nm)旁还有一条 $\lambda = 656.100$ nm 的谱线,两者的波长差只有 0.179 nm.他认为这谱线属于氢的一种同位素.试计算此同位素与氢的原子量之比.

2.21 试求钠原子被激发到 $n=100$ 的里德伯态的原子半径、电离能和第一激发能.

2.22 正电子与负电子相遇形成类似于氢原子的"电子偶素",试求出电子偶素的里德伯常量、电离能和玻尔轨道半径.

2.23 一个 μ^- 子被铅核(^{208}Pb, $Z=82$)所俘获,形成 μ 子原子.已知 μ^- 子的质量是电子质量的 207 倍,试求出该 μ 子原子的能级表达式、玻尔半径的表达式和莱曼线系第一条谱线的波长.

3 量子力学基础

3.1 微观粒子的波动性
3.2 波粒二象性分析
3.3 不确定关系
3.4 波函数和概率幅
3.5 态叠加原理
3.6 薛定谔方程
3.7 薛定谔方程应用举例
3.8 薛定谔方程的若干定性讨论
3.9 量子力学中的力学量

3.1 微观粒子的波动性

• 德布罗意物质波假设　　• 电子衍射实验

● **德布罗意物质波假设**

1924 年,德布罗意(L. V. de Broglie)从一个新的角度探索了量子概念的发展。

德布罗意原来就被普朗克的能量子假设和爱因斯坦的光子概念所吸引,他开始的工作就是试图将光的粒子观点和波动观点统一起来,进一步揭示量子的真正含义。后来德布罗意注意到玻尔的氢原子理论,原子中表征量子状态的量子数只取整数,而物理学中涉及整数只有波的干涉、衍射等周期性现象。这一事实使他想到,不能把电子简单地视为微粒,必须同时赋予它们以周期性[①]。德布罗意进一步考

[①] 参见德布罗意:量子力学是非决定论吗?,《哲学译丛》,1957 年第一期,第 76 页。

查了力学与光学之间的类比,这种类比早在 1831 年哈密顿曾经分析过.在几何光学中有费马原理,在力学中有形式类似的最小作用原理.不仅两者有相似的变分规律,还有其他一些相对应的相似结果.而几何光学是波长极短、忽略了光的波动性表现的行为,因此从对称性考虑,德布罗意认为,物质粒子应该以某些方式和至今尚未发现的振荡现象有联系,这样实物粒子和光之间才能表现出极大的统一性.他提出:"整个世纪以来,在光的理论上,比起波动的研究方法来,是过于忽视了粒子的研究方法;在物质粒子的理论上,是否发生了相反的错误?是不是我们把粒子的图像想得太多,而过分忽视了波的图像呢?"

于是,基于这种统一性的考虑,通过一番论证,德布罗意提出,具有一定能量 E 和动量 p 的粒子联系着物质波,其频率 ν 和波长 λ 与粒子的能量 E 和动量 p 的关系同光的情形相同,为

$$E = h\nu, \quad p = \frac{h}{\lambda} \tag{3.1}$$

或

$$E = \hbar\omega, \quad \boldsymbol{p} = \hbar\boldsymbol{k}, \tag{3.2}$$

式中 h 为普朗克常数,$\hbar = h/2\pi$ 为约化普朗克常数,$\omega = 2\pi\nu$,$\boldsymbol{k}$ 为波矢,其绝对值 $k = \frac{2\pi}{\lambda}$.(3.1)式和(3.2)式称为德布罗意关系.

德布罗意进而把氢原子的定态与驻波联系起来.电子绕核作圆周运动,相应的电子波绕核传播,传播一周后的波应光滑地衔接起来,如图 3-1 中实线所示;否则绕核运行的电子波的叠加将由于干涉而相消,如图中虚线所示.这样就应对电子绕核的轨道有所限制,即要求轨道的周长应该等于电子波长的整数倍,

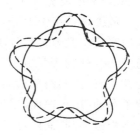

图 3-1 导出玻尔量子化条件

$$2\pi r = n\lambda, \quad n = 1, 2, 3, \cdots,$$

利用德布罗意关系,可得电子绕核运动的角动量

$$rp = n\frac{h}{2\pi},$$

这正是玻尔量子化条件. 这样,德布罗意就从物质波的驻波条件比较自然地导出玻尔的量子化条件.

我们可以估算一下电子的德布罗意波波长的大小. 当电子的速度不太大时,在非相对论近似下,由于动能 $E_k = \frac{1}{2m}p^2$,式中 p 为动量,则根据德布罗意关系

$$\lambda = \frac{h}{p} = \frac{h}{\sqrt{2mE_k}}, \tag{3.3}$$

设电子由静止经电场加速,$E_k = eU$,U 为加速电压,则

$$\lambda = \frac{h}{\sqrt{2meU}} \approx \frac{12.26}{\sqrt{U}}(\text{Å}). \tag{3.3'}$$

式中 U 以伏为单位,当加速电压 $U = 150$ V 时,$\lambda \approx 1$ Å;$U = 1.5 \times 10^4$ V 时,$\lambda \approx 0.1$ Å,可见在通常条件下,电子的德布罗意波长与 X 射线的波长相近.

● **电子衍射实验**

德布罗意的物质波假设是如此地新颖和奇特,如果没有实验上的证明是很难为人们所接受的. 它首先于 1927 年分别被美国戴维孙(C. J. Davisson)和革末(L. S. Germer)以及英国汤姆孙(G. P. Thomson)的实验证实.

戴维孙早在 1919 年开始研究电子轰击物质的散射现象,他和革末的实验装置为实验验证电子的波动性准备了条件. 1926 年戴维孙通过与其他物理学家的讨论,调整他们的实验到明确验证电子的波动性上来. 他们的实验装置如图 3-2(a)所示. 低能电子束垂直射到镍单晶的(1,1,1)面,通过晶面衍射的电子可在双层法拉第圆筒的收集器中检测到. 晶体可绕入射电子束方向旋转,收集器与入射电子束之间的夹角 θ 可在 20°~90°范围内变化. 收集器的两层圆筒之间加反向电压,目的是用来遏止能量较小的二次电子进入收集器. 整个装置放在真空容器中,真空度达 10^{-8} mmHg.

实验观察到,电子束加速电压不同时,收集器在不同的 θ 角检测到峰值. 当电子束的加速电压为 54 V 时,在 $\theta = 50°$方向上检测到散

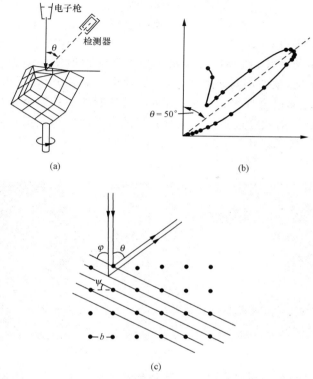

图 3-2 戴维孙-革末实验

射电子的明显峰值如图 3-2(b)所示.

镍单晶是面心立方,在(1,1,1)面内点间距 $b=2.15$ Å,现在考虑电子波的衍射类似于 X 射线的衍射.衍射极大值同样满足布拉格公式

$$2d\sin\varphi = n\lambda,$$

式中 d 是晶面间距离,φ 是掠射角,λ 是波长,n 为整数.由图 3-2(c)可见 $d=b\sin\psi$,因此可根据检测到的峰值位置得出电子波的波长.取上式中的 $n=1$,得

$$\lambda = 2d\sin\varphi = 2b\sin\psi\cos\psi = b\sin 2\psi = b\sin\theta = 1.65 \text{ Å},$$

另外根据德布罗意关系,可得电子波的波长为

$$\lambda = \frac{12.26}{\sqrt{U}} \text{Å} = \frac{12.26}{\sqrt{54}} \text{Å} = 1.67 \text{Å},$$

两者符合得很好.

同年稍晚,G. P. 汤姆孙报道了他的电子衍射实验结果,与戴维孙实验不同,他使用高速电子,电子加速电压有几万伏;衍射物不是单晶,而是多晶金属箔;在金属箔后面用特制的照相底片来接收,得到类似于 X 射线穿过多晶产生的德拜图那样的圆形衍射环纹,如图 3-3 所示. 根据圆环的半径得出的电子德布罗意波波长值与德布罗意预言的值在 1% 的误差范围内符合.

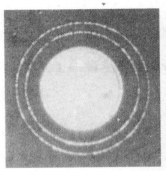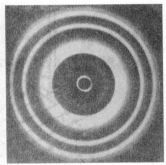

图 3-3 X 射线衍射与电子衍射的比较

类似的电子衍射实验还被其他物理学家做过. 给人印象深刻的是 1961 年隽孙(C. Jönsson)做的电子多缝衍射实验,它们可与所熟悉的可见光的多缝衍射花样相媲美.

20 世纪 30 年代埃斯特曼(I. Estermann)和斯特恩(O. Stern)观测到氦原子和氢分子从 LiF 晶体上的衍射,以后又有人观测到慢中子和快中子的衍射. 在所有的实验中所测得的物质波波长都与德布罗意所预言的波长相符合.

至此,微观粒子的波动性已经被众多的实验确凿地证实. 到今天,科学技术的发展,电子衍射、中子衍射已发展成为用来研究物质微观结构有力的探测手段.

3.2 波粒二象性分析

- 经典的粒子与经典的波
- 波粒二象性分析

● **经典的粒子与经典的波**

在经典物理学中粒子和波是两种重要的研究对象,它们具有非常不同的表现.

经典的粒子是局域于一定的空间的.虽然它有一定的体积,但在很多情况下可以忽略其大小,把它看成一个质点.它有确定的质量和电荷.经典粒子的运动遵从牛顿第二定律,只要已知它的初始位置和初始速度,就可以根据牛顿第二定律准确地确定以后任意时刻的位置和速度,因此,经典粒子的运动在空间描绘出确定的轨道.

经典的波在空间则是弥散开来的,有一定的广延,因而说它是非局域的.波的特征是它的时空周期性,具有波长和频率.具有确定波长和频率的波是无限广延的等幅波.实际的波可能不是无限广延的,而是局域于一定的时空区域,它是许多不同波长不同频率的波叠加而成.波能够叠加而产生干涉和衍射现象.

下面我们考察一定能量一定动量的粒子和一定频率一定波长的波分别通过类似的实验装置的行为.

设想从 S 处不断抛射出犹如子弹的经典粒子,它们的方向有些散乱,在它们的对面放置具有一个小孔的挡板,在小孔挡板的后面放置一块屏障.通过小孔的粒子最后陷落在屏障上.我们可以通过镶嵌在屏障上的粒子予以计数,考查粒子在屏障上的分布.从 S 处抛射出来的粒子大部分被挡板挡住,有一部分可穿过小孔.粒子在小孔边缘的碰撞

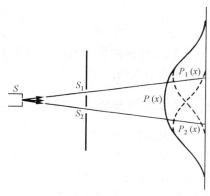

图 3-4 经典粒子通过双孔

会略微改变它的行进方向而散乱开来.当抛射的粒子数充分大时,可以想象粒子穿过小孔在屏障上的粒子数分布类似于高斯正则分布.如果中间的挡板上具有两个相同的小圆孔,如图 3-4 所示,抛射的粒子可分别穿过小孔 S_1 和 S_2,相应的粒子数分布曲线分别为 $P_1(x)$ 和 $P_2(x)$. 而穿过双孔在屏障上的粒子数总分布为 $P(x)$,它是 $P_1(x)$ 和 $P_2(x)$ 的叠加,即

$$P(x) = P_1(x) + P_2(x).$$

值得指出的是,不论两个小孔同时打开,还是相继单独打开,在屏上的粒子数总分布是相同的.原因是经典粒子运动有一定的轨道,因此每次只有一个孔起作用.

从 S 处发出的波通过一个小圆孔挡板,在后面的接收屏上出现的是特有的圆孔衍射花样.如果中间的挡板上有两个相同的小圆孔,如图 3-5 所示,则在两个衍射亮斑的重叠区域内会出现亮暗相间的干涉条纹,条纹的间距取决于波长和孔的间距.如果我们一会儿盖住小孔 S_1,一会儿又盖住小孔 S_2,在接收屏上得到的是两个衍射亮斑的强度之和.它与双孔同时打开出现的干涉条纹有明显的区别,这是波所特有的行为.

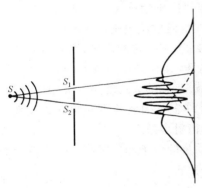

图 3-5 经典的波通过双孔

可见,经典的粒子和经典的波非常不同,在类似的实验装置中行为是截然不同的.

● **波粒二象性分析**

光和微观粒子都具有波粒二象性.在光的干涉和衍射实验中以及电子衍射实验中,它们表现出确凿的波动性,显示出波所特有的时空周期性;在另一类实验如光电效应、康普顿效应以及有关电子的许多实验中,它们表现出确凿的粒子性,它们整体起作用,并且有确定的质量和电荷.然而我们原来所具有的波和粒子的图像格格不入,我

们应该如何认识微观客体的波粒二象性呢？

曾经有人认为微观粒子的波动性是基本的，粒子是许多波叠加而成的波包．波包的大小就是粒子的大小，波包的活动表现出粒子的性质．的确可以证明波包的群速等于粒子的速度．但是进一步的计算表明，即使在真空中，波包也是要扩散的．随着时间的推移，波包的运动将不断增大其广延度，以至于最终消失．这显然与粒子的局域性和稳定性相矛盾．

另一种设想认为微观粒子的粒子性是基本的，波动性表现在大量粒子组成的疏密波，它类似于空气中传播的声波．这种看法也与实验事实矛盾．已经多次有人作过这样的干涉或衍射实验，无论是对于光还是电子，只要束流极其微弱，控制粒子是一个一个地通过仪器装置，经过相当长的时间之后，在接收屏上仍然记录到明显的干涉条纹或衍射花样．这说明微观粒子的波动性并不依赖于大量粒子的聚集，单个粒子就具有波动性．

1976年有人做过如下的电子干涉实验．在电子显微镜中装配一个电子光学双棱镜系统，并在电子显微镜的成像系统中安装一个电视加强器，使干涉条纹的间距放大．用不同的电流密度进行实验，并把屏幕上的结果拍摄下来，实验的结果如图3-6所示．当电流密度很小只有少数电子穿越实验装置时，照片显示少数电子的散乱痕斑；当电流密度增大，电子数增多时，照片显示出越来越清晰的波动所特有的干涉条纹，而少量电子实验时的散乱痕斑正是落在干涉亮纹位置．这就更加清楚地说明，电子是不可分割的整体在起作用，可分裂的只是电子数目，而且电子具有波动性，其波动性不依赖于大量粒子的聚集．

然而如前所述，粒子行为和波动行为在类似的实验中表现得截然不同，微观粒子究竟是如何通过双孔板的？微观粒子的不可分割性自然使我们想到每个微观粒子一次只可能通过一个孔．由于波动性，如果在双孔干涉实验中一个个的电子要么通过一个孔，要么通过另一个孔，由此得到的肯定是两个单孔衍射花样强度的叠加，而决不会是双孔干涉实验中取决于双孔间距的干涉花样，因此，在微观粒子的双孔干涉实验中，一个粒子通过双孔板时，必定是两个孔同时起作

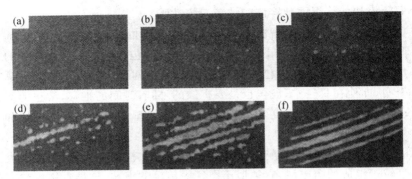

图 3-6 电子双束实验结果

用的. 微观粒子的不可分割性和双孔同时起作用显然是不相容的, 然而它们同时存在, 这实在是不可思议的.

是否可以用实验来观察微观粒子究竟是如何通过双孔板的？例如原则上可以设想做这样一个实验. 在邻近双孔处投射一束光横过电子经过的路径. 当电子穿过孔而通过光束时, 它将散射光. 借助于一台显微镜搜集从电子散射来的闪光, 从而可用来确定电子的位置. 如果电子闪光的位置出现在小孔 S_1 的附近, 就说明它穿过小孔 S_1; 如果电子闪光的位置出现在小孔 S_2 的附近, 就说明它穿过小孔 S_2. 看来我们可以万无一失地确定微观粒子是如何通过双孔的. 当然, 不可能同时在小孔 S_1 和 S_2 处都观察到闪光, 这与电子的不可分割性是一致的. 如果确实发现不是靠近小孔 S_1 处, 就是在靠近小孔 S_2 处看到闪光, 也就是说电子不是穿过小孔 S_1 就是穿过小孔 S_2, 但是这样做之后, 将发现接收屏上的干涉条纹完全破坏了. 因为由康普顿效应可知, 当电子散射光子时, 它从光子接收到一个反冲, 电子的动量发生改变, 从而改变了干涉条纹. 也就是说, 电子受到光子的干扰, 加了观察电子如何穿过双孔的装置后, 已经不是原来的电子不受干扰的双孔干涉实验了.

为了减弱光子对于电子的干扰, 或许可以使用波长较长的光子, 根据 $p=h/\lambda$, 光子的动量较小, 光子受到电子散射时给予电子的冲量较小, 因而对电子运动的干扰较小; 然而光的波长较长时, 衍射现象比较显著, 显微镜的分辨本领较差, 以致电子的散射光的位置就不那么确定,无法确定电子是如何通过双孔的.

另一种减弱干扰的方法是减弱入射光强.然而具有给定波长的光子都具有相同的能量和动量,减弱光强不过是减少光子数.于是电子散射光子的机会减少.因此,某些电子将不会给出闪光信号而到达接收屏.结果,那些给出闪光信号的电子受到干扰并不参与形成干涉条纹;而那些并不给出闪光信号的电子倒仍然参与显示干涉条纹,即它们的行为与光并不存在时一样,因为它们并未与光子相互作用.也就是说,对于参与显示干涉条纹的电子,我们仍然无法确定它们是如何通过双孔的;而能够确定它们如何通过双孔,则又破坏了干涉条纹.

总之,在微观粒子的双孔实验中,原则上,如果显示出其波动性,则无法观察粒子每次是如何通过双孔的;而如果观察到粒子是一次通过哪一个孔时,则破坏了干涉条纹,也就不再显示其波动性[①].

另一种试图解救波粒二象性疑难的企图是认为微观粒子在传播时是波动,而在它与物质相互作用时是粒子.这种观点也是不能接受的.我们姑且不谈微观粒子的粒子性和波动性之间的转换机制如何,仅就这种观点本身而言,与相对论也是矛盾的.例如一个光子或电子通过小孔向不同方向衍射,经过相当长的时间,物质波可以分离得足够远;当光子或电子在接收屏某处与屏相互作用是整个起作用的,结果物质波势必受到某种不可思议的超距作用瞬时地凝聚到该处,与相互作用速度的有限性相抵触.

综合以上实验和分析,我们关于微观粒子可以得到几点结论:

(1) 微观粒子确实具有波动性和粒子性.

(2) 不能将微观粒子的波动性和粒子性这两者之中的一种归之为另一种,也不能认为微观粒子在某种场合是粒子,在另一种场合

[①] 这是一种传统的说明.近些年来量子力学有了许多新进展,原来只能根据一些基本物理原理分析一些假想实验,如今已可以付诸于实验并可作精细的分析.这些实验和精细的分析使我们更加确信量子力学的正确性.这些分析与原来的分析可能在细节上有所不同,例如分析波粒二象性时,可以不需要用不确定关系,而要用到电子与光子态的纠缠概念.纠缠态是现代量子力学中的重要概念,这已远远超出了本课程的要求,有兴趣的读者可参阅有关书籍.

是波.

(3) 微观粒子不同于经典粒子也不同于经典的波.它是不可分割的,在双孔干涉实验中,双孔是同时起作用的,这说明微观粒子的运动没有轨道.粒子性和波动性本来是属于经典的概念,它们是在经典物理研究中提炼出来的,用它们来说明微观粒子的性质本来是有欠缺的,造成我们头脑中的种种不可思议的疑难正是经典概念引起的.

(4) 观察过程中微观客体和观察仪器之间存在不可预测、不可控制的相互作用,显示其一种性质,必然牺牲其另一种性质.微观粒子的这两种性质不可能在同一种仪器中同时呈现.从这个意义上说,波动性和粒子性是互相补充的.

3.3 不确定关系

- 坐标和动量的不确定关系
- 经典描述适用性判据
- 估计微观系统的主要特征
- 能量和时间的不确定关系

● 坐标和动量的不确定关系

为了进一步认识微观粒子与经典粒子概念的不同,下面介绍量子物理中微观粒子运动的一个基本关系——不确定关系,它是微观粒子波粒二象性的必然结果.

在经典力学中,粒子的运动状态由坐标和动量描述.对于确定的运动状态,坐标和动量有确定值;粒子的运动是粒子运动状态的连续变化,它遵从牛顿定律;根据初始坐标和初始动量可以确定以后任意时刻的坐标和动量,因此粒子的运动有确定的轨道.上面我们已经看到,微观粒子具有波粒二象性,经典描述已完全不适用,我们已不再能说粒子具有确定的轨道.事实上对于微观粒子而言,它的坐标和相应动量不可能同时具有确定值.用 Δx 表示粒子坐标的不确定度,Δp_x 表示同一时刻相应坐标的动量不确定度,那么,这两个不确定度的乘积决不可能小于一个约为普朗克常量 h 的量,即

$$\Delta x \Delta p_x \geqslant h. \tag{3.4a}$$

同样,粒子的坐标 y 和相应的动量分量 p_y,坐标 z 和相应的动量分量 p_z 也都不可能同时具有确定值,它们的不确定度的乘积也都不可能小于一个约为普朗克常量 h 的量,即

$$\Delta y \Delta p_y \geqslant h, \tag{3.4b}$$

$$\Delta z \Delta p_z \geqslant h. \tag{3.4c}$$

这些关系称为**不确定关系**,是海森伯(W. K. Heisenberg)于 1927 年提出来的. 不确定关系在量子力学中可以严格证明,其中 Δx 和 Δp_x 等有准确的含义,所得的结果为 $\Delta x \Delta p_x \geqslant \hbar/2$ 等. 我们现在不作这种严格的追求,而在于通过丰富的事例建立可信的图像.

需要指出,不确定关系是由微观粒子的波粒二象性所决定的,是微观粒子运动本身表现出来的固有性质. 从经典的意义来说,测量质点的坐标和动量,实验上会有一定的误差,因而有一定的不确定度,这种不确定性受到具体测量条件的限制. 随着测量技术和测量条件的改善,测量精度可不断提高,不确定度可逐渐减小. 在原则上测量精度不会受到什么限制,可以无限精确地确定质点的坐标和动量. 量子物理认为微观粒子的情况则有所不同,对于一次单独的测量,粒子的坐标和动量可能表现出确定的值,但是多次重复测量,原则上不会有重复的坐标和动量,它们受到波粒二象性所决定的不确定关系的限制. 因此,不仅不可能无限制地精确地同时确定粒子的坐标和动量,而且粒子根本不存在坐标和相应动量同时完全确定的状态.

下面我们分析电子单缝衍射实验,由此得出不确定关系. 考虑一束速度为 v 的电子垂直射向缝宽为 a 的单缝,如图 3-7 所示. 速度为 v 的电子具有确定的动量 $p = mv, \Delta p = 0$,根据不确定关系 $\Delta x \to \infty$,即位置完全不确定,即电子可以处于空间的任意地方,这是与不确定关系一致的. 这样一束电子通过单缝的

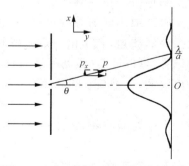

图 3-7 由电子单缝衍射导出不确定关系

行为类似于光,将产生衍射.根据波动光学的知识,我们知道,在单缝的后面形成强度按角分布展开的单缝衍射花样.强度主极大的区域在衍射角 $\theta \approx \pm \lambda/a$ 之间.也就是对于电子而言,大部分电子将落在 $\theta \approx \pm \lambda/a$ 之间的区域内.这表明限制电子束的宽度,电子束则偏离了原来的运动方向,也就是说,为了确定电子的 x 方向的坐标,其不确定度为 $\Delta x = a$,必然引起 x 方向上动量不确定性.如果忽略电子衍射的次极大,x 方向动量不确定度可估计如下,

$$\Delta p_x = p \sin\theta = p\frac{\lambda}{a} = \frac{h}{\Delta x},$$

式中用到了德布罗意关系和 $\Delta x = a$,因此

$$\Delta x \Delta p_x = h.$$

如果将电子衍射的次极大也考虑在内,则 x 方向动量不确定度更大,有

$$\Delta x \Delta p_x \geqslant h.$$

如果确定电子的 x 坐标更精确,需要更狭窄的缝,则 $\Delta x = a$ 更小,结果由于波的衍射效应更显著,电子偏离原来的方向更大,也就是说电子的动量 x 分量不确定度更大,两者的乘积仍遵从不确定关系.在这里粒子的坐标不确定度和相应动量的不确定度始终是有关联的,成反比关系.

不确定关系还可以从波动的一般描述和德布罗意关系得出.我们都知道一个单一频率的简谐波是一个在时间上无限延续、在空间上无限延绵不断的等幅波列.一般的波是一个在空间一定间隔内存在振荡的波包,它是由一定频率间隔内许多不同频率的简谐波叠加的结果.可以证明(详见附录 A),一般的波的描述中存在两个基本的反比关系,一个是空间间隔 Δx 和波数范围 Δk 的反比关系,

$$\Delta x \Delta k \geqslant 2\pi. \tag{3.5}$$

另一个是时间间隔 Δt 和频率范围 $\Delta \omega$ 的反比关系,

$$\Delta t \Delta \omega \geqslant 2\pi. \tag{3.6}$$

这表明波数范围 Δk 越宽,叠加的不同波数的波越多,则在空间间隔上的波包越窄,即 Δx 越小;同样频率范围 $\Delta \omega$ 越宽,叠加的不同频率的波越多,则在时间间隔上的波包越窄,即 Δt 越小,两者成反比关

系.这也包括了单一频率的无限延绵的等幅简谐波情形,它相当于 $\Delta k \to 0, \Delta x \to \infty$,或 $\Delta \omega \to 0, \Delta t \to \infty$.

将德布罗意关系(3.2)式的 $p = \hbar k$ 取微分代入(3.5)式即得坐标和相应动量的不确定关系

$$\Delta x \Delta p_x \geqslant h,$$

类似地可得 $\Delta y \Delta p_y \geqslant h, \Delta z \Delta p_z \geqslant h$.

• **经典描述适用性判据**

不确定关系反映了微观粒子运动的特征.粒子的坐标和相应的动量不能同时具有确定值,它们的不确定度的乘积不小于普朗克常量的量级.不确定关系不仅适用于电子、光子、质子、中子、原子、分子等微观粒子,甚至对于宏观物体它也适用.但是对于宏观物体的运动,不确定关系的限制不会影响经典力学的描述.

例1 氢原子中的电子.电子的玻尔半径 $a_0 = 0.529 \times 10^{-10}$ m,作为粗略的估计,就算作 10^{-10} m,根据量子化条件(2.25)式,电子在玻尔半径上的速度为

$$v_1 = \frac{h}{2\pi m a_0} \approx 10^6 \text{ m/s},$$

设对于电子速度的测量可准确到百分之一,即速度的不确定度为 $\Delta v = 10^4$ m/s,因此,根据不确定关系,电子的坐标不确定度为

$$\Delta x \approx \frac{h}{\Delta p} = \frac{h}{m \Delta v} \approx 7 \times 10^{-8} \text{ m}.$$

这一不确定度比电子可能存在的范围 10^{-10} m 还要大得多,因此谈论电子的轨道已根本没有意义.所以对于氢原子的内层电子,经典概念已根本不适用,必须采用量子力学的描述.

但是对于高激发态,例如 $n = 1000$,根据玻尔理论,电子的轨道半径

$$r_n = n^2 a_0 \approx 10^{-4} \text{ m},$$

由量子化条件,电子的速度为

$$v_n = \frac{nh}{2\pi m r_n} \approx 10^3 \text{ m/s},$$

如果速度的不确定度 $\Delta v = \dfrac{1}{100} v = 10 \text{ m/s}$，由不确定关系，坐标不确定度为

$$\Delta x \approx \frac{h}{\Delta p} = \frac{h}{m \Delta v} \approx 7 \times 10^{-5} \text{ m}.$$

可见对于高激发态还勉强可以使用经典的轨道概念.

例 2 宏观物体. 例如一颗飞行的子弹，$m = 50 \text{ g}$，$v = 300 \text{ m/s}$，如果子弹的速度不确定度 Δv 为速度的万分之一，这对于实际测量目的而言是相当精确的，则由不确定关系，子弹坐标不确定度为

$$\Delta x \approx \frac{h}{m \Delta v} \approx 4 \times 10^{-31} \text{ m},$$

它等于原子半径 10^{-10} m 的 10^{21} 分之一. 这对于子弹位置的确定是足够精确的. 可见经典描述是完全适用的，完全可以使用轨道的概念.

例 3 示波管中的电子. 微观粒子具有波动性，我们再谈论示波管中的电子的轨迹是荒谬的吗？设示波管中电子束的速度为 10^6 m/s，测定其速度可准确到万分之一，这对于实际测量而言是相当精确的了，这时速度不确定度为 $\Delta v = 10^2$ m/s，根据不确定关系，

$$\Delta x \approx \frac{h}{m \Delta v} \approx 7 \times 10^{-6} \text{ m}.$$

这一坐标不确定度对于电子坐标的测量来说是足够精确的，因此经典的描述仍然适用. 通常电子在电磁场中的运动或云室中观察到电子的运动显示径迹，就不足为怪了.

从以上的例子可以看到，不确定关系给出粒子的坐标和动量不确定性的限制，从根本上说粒子的轨道已经失去意义. 但是如果这种限制对于实际的测量而言是微不足道的，经典的描述仍然适用，说粒子的运动具有轨道仍是有意义的. 在这里，普朗克常量起着决定性的作用.

我们知道，普朗克常量的量纲和坐标与动量乘积的量纲都是 $\text{ML}^2 \text{T}^{-1}$，与作用量的量纲相同，普朗克常数也就称为作用量子. 如果一个物理系统的作用量具有可以与普朗克常数相比拟的数值时，不确定关系必定在其中起着不可忽视的作用，该系统的行为必须在量子力学的框架内加以描述. 例如在例 1 中氢原子基态电子的作用

量 $mvr=h$,就属于这种情形.反之,如果系统的作用量用 h 来衡量都非常大,或者说相对于系统的作用量,$h\to 0$,可以忽略,则不确定关系所加的限制是微不足道的,量子效应可以忽略,系统的行为可以用经典力学来描述,经典物理的定律就在足够精确的程度上有效.例如在例 3 中电子的作用量的数值可估计为 $mvx\approx 9.1\times 10^{-31}\times 10^6 \times 10^{-4}\approx 10^{-28}\gg 10^{-34}$ 就属于这种情形.

从这个意义上说,整个物理学都是量子物理学,经典物理是 $h\to 0$ 时量子物理的极限.

• 估计微观系统的主要特征

不确定关系是微观粒子行为必须遵从的一个基本关系,任何微观粒子的运动都不可能逾越不确定关系的限制.因此,有时可以不需要预先知道系统的详尽知识,根据不确定关系就能估计系统的主要特征,这对于理解许多事情是很有意义的.下面举两例.

例 4 原子的稳定性.按照经典理论,原子不可能是稳定的.由于电子绕核作圆周运动有加速度,不断辐射能量,电子最终将坍缩于核上.玻尔的量子论是以定态假设排除了这种不稳定的可能性.量子力学中可以解出原子的稳定性.下面由不确定关系得出原子的稳定性.在量子物理中"静止的粒子"是没有意义的.所谓"静止"是指粒子的位置确定,动量为零,则 $\Delta x=0$,$\Delta p_x=0$,这是违背不确定关系的.不确定关系 $\Delta x\Delta p\sim\hbar$ 表明,把电子定域在一定的区域内,电子必定具有一定的动量,因而也必定具有一定的动能.我们可以用不确定关系估计这一能量.设氢原子中的电子定域在半径为 r 的范围内,电子的坐标不确定度为 $\Delta x=r$,则动量不确定度为 $\Delta p=\dfrac{\hbar}{r}$,取 $p=\Delta p=\dfrac{\hbar}{r}$,电子的动能为 $E_k=\dfrac{p^2}{2m}=\dfrac{\hbar^2}{2mr^2}$,其作用是反抗将电子定域于小范围的趋势.另一方面,电子受到原子核的吸引作用,有势能.两种作用是相互抗衡的.电子的总能量为

$$E=E_k+U=\frac{\hbar^2}{2mr^2}-\frac{e^2}{4\pi\varepsilon_0 r}. \tag{3.7}$$

对于电子的稳定运动,两种作用相互平衡,总能量取极小值,即有

$$\frac{\partial E}{\partial r} = -\frac{\hbar^2}{mr^3} + \frac{e^2}{4\pi\varepsilon_0 r^2} = 0,$$

由此得出电子稳定的离核距离

$$r = \frac{4\pi\varepsilon_0 \hbar^2}{me^2}. \tag{3.8}$$

这正是玻尔半径. 以上的分析论证是不严格的, 只是定性的, 但是已经可以使我们认识到是不确定关系确保了原子的稳定性.

例 5 原子核的组成. 1932 年发现中子以前, 实验表明核的质量是与正电荷联系在一起的, 核外的电子数约为原子质量数的一半. 正常的原子是中性的, 则核表现出来的正电荷数也为原子质量数的一半. 因而猜测核中应该存在电子, 核表现出来的正电荷正是核正电荷与电子电荷抵消的结果. 另一方面, 放射性现象中的 β 衰变经证明是从核中放射出电子, 更支持了这种看法. 然而这种看法遇到多方面的困难, 其中之一是从不确定关系考虑, 它与另外的实验事实矛盾. 因为原子核的半径小于 10^{-14} m, 如果将电子限制在原子核中, 它的坐标不确定度 Δx 不超过 10^{-14} m, 相应地, 电子的动量不确定度 $\Delta p > \frac{\hbar}{\Delta x} \approx 10^{-20}$ kg·m/s, 从数量级考虑, 电子动量的大小与其相当, 因此电子的能量

$$E = (c^2 p^2 + m_0^2 c^4)^{1/2} > cp \approx c\Delta p \approx 3 \times 10^{-12} \text{ J} \approx 20 \text{ MeV}.$$

但是实际上 β 衰变中, 原子放射出来的电子的能量只有 1 MeV 量级, 这与上述估算相差太大, 因此认为原子核由质子和电子组成是不合理的. 后来发现中子之后, 原子核的组成问题才得到解决, 原子核是由带正电的质子和不带电的中子组成的, 核中通常没有电子, 而 β 衰变中放射出来的电子是中子衰变为质子时放射出来的.

- **能量和时间的不确定关系**

能量和时间也存在不确定关系

$$\Delta E \Delta t \geqslant h, \tag{3.9}$$

式中 ΔE 是粒子所处状态的能量不确定度, Δt 是粒子处于该状态的

时间不确定度.

能量和时间的不确定关系可以由波的时间间隔 Δt 和频率范围 $\Delta\omega$ 的反比关系(3.6)式和德布罗意关系(3.2)式得到. 对 $E=\hbar\omega$ 取微分代入(3.6)式则得(3.9)式.

根据能量和时间不确定关系,粒子处于一定状态具有一定的时间(寿命),就决定了粒子处于该状态的能量有一定的范围,因此原子的能级具有一定的宽度 ΔE,能级宽度与能级寿命成反比.

原子中某些能级比较窄,其寿命相对说来较长,这些能级的态称为**亚稳态**.

3.4 波函数和概率幅

· 波函数的统计诠释   · 对波函数的要求

● 波函数的统计诠释

将微观粒子的波动性和粒子性统一起来,必须引入概率的概念.

经典物理描述的特征是连续性和决定论. 一切物理量都是连续变化的,而且物理量的连续变化都受到物理定律的严格制约,因此可以由系统过去的状态推知现在的状态,由系统现在的状态推知将来的状态. 在经典物理中,处理大量粒子组成的系统时,涉及的方程数目众多,无法求解,因此大量粒子系统的研究借助于统计法,概率的概念进入物理学的研究领域,它可以告诉我们,在一定条件下,大量粒子所组成的复杂系统的统计平均性质,尽管存在着涨落,所得的结果与实验事实符合得很好. 在经典物理中,统计方法和概率概念是我们无法求出高度复杂系统的精确结果,退而求其次所采用的一种有效的方法.

在微观世界,涉及原子过程的所有实验,没有一个实验揭示出原子过程的准确时间和地点,它们对于原子过程只是给出概率性的描述. 例如在电子衍射实验中,我们并不知道,也不可能知道,一个电子射来通过圆孔,它一定会打在接收屏的什么地方;我们只知道,大量电子射来通过圆孔,在接收屏上圆孔衍射强度较大处,有较多的电子到达,或者说一个电子射来通过圆孔,在接收屏上圆孔衍射强度较大处,电子到达该处有较大的可能性(机会和概率).又例如光电效应的实验中,我们也只能预言这一过程发生的概率.如果只有一个光子射向金属表面,我们不知道它是否一定被吸收,或者被吸收的精确时间和地点;如果光束中包含大量的光子,则有可能根据光强预言光子在任意给定区域内被吸收的平均数.

在量子物理中与经典物理不同,概率的出现不是由于系统十分复杂,方程数非常多,我们不可能精确求解退而求其次的结果,而是微观粒子固有的波粒二象性带来的必然.由于微观粒子的波粒二象性,粒子的坐标和动量不可能同时具有确定值,粒子的坐标和动量的确定受到不确定关系的限制,因此粒子运动的描述就不可能是决定论的;而且也不能用粒子的坐标和动量来描述粒子的运动状态.

微观粒子的运动状态用波函数描述.对于自由粒子,能量和动量都是确定的.根据德布罗意关系,描述自由粒子的波函数是频率和波长确定的平面波,波函数为

$$\psi(x,y,z,t) = Ae^{i(\boldsymbol{k}\cdot\boldsymbol{r}-\omega t)} = Ae^{\frac{i}{\hbar}(\boldsymbol{p}\cdot\boldsymbol{r}-Et)}, \quad (3.10)$$

式中 A 为平面波的振幅,是常量.一般情形下,粒子不是自由的,它受到随时间变化或随空间分布的力场的作用,其能量和动量不是确定的,粒子的运动状态不能用平面波描述,一般地表示为 $\psi(x,y,z,t)$.

波函数具有什么物理意义? 玻恩(Max Born,1882—1970)于 1926 年提出**波函数的统计诠释**,描述粒子运动状态的波函数的绝对值的平方 $|\psi(x,y,z,t)|^2$ 表示粒子在时刻 t,在 x,y,z 附近单位体积内出现的概率(概率密度).例如对于自由粒子,

$$|\psi(x,y,z,t)|^2 = \psi^*\psi = Ae^{-\frac{i}{\hbar}(\boldsymbol{p}\cdot\boldsymbol{r}-Et)} \cdot Ae^{\frac{i}{\hbar}(\boldsymbol{p}\cdot\boldsymbol{r}-Et)} = A^2, \quad (3.11)$$

这表示自由粒子情形,在空间各处粒子出现的概率均相同,空间处处都可能存在电子,这与不确定关系是一致的.再如在粒子的单缝衍射实验中,通过单缝的粒子波函数为 $\psi(x,y,z,t)$,在接收屏上的强度分布则为 $|\psi(x,y,z,t)|^2$,这是一个我们所熟悉的单缝衍射花样.在

衍射花样强度极大值处,$|\psi(x,y,z,t)|^2$ 为极大值,该处粒子出现的概率较大;在衍射花样极小值处,$|\psi(x,y,z,t)|^2$ 为零,粒子出现的概率为零. 这样波函数的统计诠释把粒子的波动性和粒子性统一起来.

波函数 $\psi(x,y,z,t)$ 又称为概率幅,它是量子力学中最重要、最基本的概念.

● **对波函数的要求**

首先,经典的波用一个实数的波函数描述,它是一个实在的物理量的振动传播过程. 例如水面波是水面上质元的位移随时间振动向外传播;声波是空气中气体疏密向前的传播;电磁波是电磁场随时间振动向前传播. 有时我们也用复数描述振动和波动过程,那只是一种数学运算上的方便,其实真正有意义的仍然只是其中的实部或虚部. 而**描述微观粒子运动的波函数一般地是一个复数函数**,它并不代表有某个实在的物理量的振动传播过程,它是不能直接测量的,可测量的是粒子出现的概率,即 $|\psi|^2$. 我们还可以作如下进一步的理解. 如果自由粒子的平面波用实函数描述,$\psi = A\cos\dfrac{1}{\hbar}(\boldsymbol{p}\cdot\boldsymbol{r}-Et)$,根据波函数的统计诠释,微观粒子出现的概率则等于波函数绝对值的平方,

$$|\psi|^2 = A^2\cos^2\left[\dfrac{1}{\hbar}(\boldsymbol{p}\cdot\boldsymbol{r}-Et)\right],$$

这是一个随时间和空间周期性振荡的函数,这表明自由粒子出现的概率在时间和空间上是振荡的,这与时空的均匀性相抵触. 此外 $|\psi|^2$ 中含有能量 E,这说明自由粒子出现的概率与能量零点的选择有关,这也是不合理的. 而波函数为复数函数,则 $|\psi|^2 = A^2$,不会产生上述问题.

波函数为复数函数是量子力学理论的一大特点. 它提示我们,不能像经典物理中水面波是水面液块振动的传播,电磁波、光波是电磁场振动的传播那样,也把波函数看成是某种物质的振动传播过程,这是因为复变量是无法用任何真实的物理仪器来测量的,因此对于微观粒子的波动性,我们不仅无法去思考其中发生了什么,甚至提出这

样的问题也是毫无意义的.

其次,经典波的振幅增大为原来的两倍,表明振动能量增大为原来的四倍,因此描述的是不同的振动状态,而微观粒子的波函数增大一倍,并不影响粒子在空间各点出现的概率分布,它们描述的是同一微观粒子的运动状态. 换句话说,**微观粒子的波函数允许乘以任意常数**. 为了把波函数完全确定下来,要求波函数绝对值平方对全空间的积分为 1,

$$\int |\psi|^2 \mathrm{d}\tau = 1. \tag{3.12}$$

它表示微观粒子在整个空间出现的概率为 1,这与研究的实际情况粒子总是存在相一致. (3.12)式称为波函数的**归一化条件**.

此外,实际的情况是粒子出现的概率密度不可能是无限大,也不可能同时有多个值,而且粒子运动过程中概率密度不可能发生突变,要求**描述粒子的波函数是有限、单值和连续(包括其一阶导数连续)**的. 此称为波函数的**标准条件**.

量子力学的一个重要课题是求解各种情形下的粒子波函数,从粒子的波函数可以获得有关粒子的各种信息.

3.5 态叠加原理

在 3.2 节中我们突出地分析了微观粒子通过双孔这个奇特的量子干涉现象. 这一奇特的量子干涉现象表明,当孔 1 单独打开时的电子波函数为 $\psi_1(x)$,当孔 2 单独打开时的波函数为 $\psi_2(x)$,而当孔 1 和孔 2 同时打开时的电子波函数 $\psi(x)$ 为前两个波函数的叠加,$\psi_1(x)+\psi_2(x)$,接收屏上获得的电子的概率分布为

$$\begin{aligned}|\psi(x)|^2 &= |\psi_1(x)+\psi_2(x)|^2 \\ &= |\psi_1(x)|^2 + |\psi_2(x)|^2 + \psi_1^*(x)\psi_2(x) + \psi_1(x)\psi_2^*(x).\end{aligned} \tag{3.13}$$

式中最后两项是干涉项,它们反映了量子干涉效应. 这就表明,在量子力学中微观粒子波函数的叠加是概率幅的叠加,而不是概率的叠加,后者中不存在干涉项,也就不能反映微观粒子的干涉效应.

于是我们得到量子力学中的**态叠加原理**,它可表述如下:如果 ψ_1 和 ψ_2 是微观系统的两个可能的状态,则它们的线性叠加

$$\psi = c_1\psi_1 + c_2\psi_2 \qquad (3.14)$$

也是该系统的一个可能状态,式中的系数 c_1,c_2 是两个任意的复常数.

态叠加原理既包含有静态的意义,也包含有动态的意义,其含义是对于某一指定时刻 t_0,有

$$\psi(t_0) = c_1\psi_1(t_0) + c_2\psi_2(t_0). \qquad (3.15a)$$

对于任意 $t \geqslant t_0$ 的时刻,无论 ψ_1,ψ_2 还是 ψ 都会随时间演化,但是这几个波函数之间的叠加关系不会因时间变化而改变,也就是说在 $t \geqslant t_0$ 时仍然有

$$\psi(t) = c_1\psi_1(t) + c_2\psi_2(t). \qquad (3.15b)$$

这意味着,在掌握了 ψ_1 和 ψ_2 随时间演化的情形后,由初始时刻的静态关系(3.15a)式所确定的常系数 c_1,c_2,就可以运用动态关系(3.15b)式获得任意 $t \geqslant t_0$ 时刻的 ψ 的演化行为.这表明描述微观系统状态的波函数满足的方程必定是线性齐次方程.

态叠加原理是量子力学的一条基本原理,其正确性由它的推论与实验事实相符得到保证.

3.6 薛定谔方程

- 薛定谔方程
- 定态薛定谔方程

● **薛定谔方程**

1926 年,薛定谔(Erwin Schrödinger)提出一个微观粒子在低速时波函数满足的基本方程,后人称之为薛定谔方程.它在量子力学中的地位,相当于牛顿定律在经典力学中的地位,以及麦克斯韦方程组在电磁学中的地位.

薛定谔方程是量子力学最基本的方程,它不可能从哪里推导出来,它其实是一个基本假定,其正确性只能靠实践来检验.虽然如此,我们仍然可以从某些更基本的因素思考微观粒子的波函数满足的方

程应当适应些什么要求.这种思考可能可以使我们对于薛定谔方程认识得更深刻些,可能也会更有利于锻炼我们的思考能力.

下面我们建立薛定谔方程,而不是推导薛定谔方程.薛定谔方程应满足下述几个要求:

(1) 既然粒子的运动状态用波函数描述,而薛定谔方程是关于粒子运动状态变化的方程,它必须是含有波函数对时间的导数,而且对时间的导数应是一阶的.在经典力学中,质点的运动状态由坐标和速度描述,速度是相应坐标的一阶导数,因而运动方程中包含对时间的二阶导数.

(2) 薛定谔方程应是线性齐次方程.前已述及,态叠加原理表明微观粒子系统是线性系统,描述线性系统的方程应是线性齐次方程.

(3) 薛定谔方程是低速下粒子运动方程.低速非相对论近似下,粒子的动能与动量的关系为 $E=\dfrac{1}{2m}p^2$.薛定谔方程应与之相适应.

(4) 薛定谔方程的系数不应包含如能量、动量等状态参量,因为方程的系数含有这些状态参量,则方程只能描述具有该参量值的特定系统,而不具备普遍性,这与我们寻找普遍性方程的目标相违背.

下面先考察自由粒子情形.自由粒子的波函数已知是平面波,
$$\psi(x,y,z,t)=A\mathrm{e}^{\frac{\mathrm{i}}{\hbar}(p_x x+p_y y+p_z z-Et)},$$
对时间求一阶导数,得
$$\frac{\partial \psi}{\partial t}=-\frac{\mathrm{i}}{\hbar}E\psi. \tag{3.16}$$
这一关系式表明粒子的能量 E 和作用在波函数 ψ 上的微分算符 $\mathrm{i}\hbar\dfrac{\partial}{\partial t}$ 相当.对空间变量求一阶导数,得
$$\frac{\partial \psi}{\partial x}=\frac{\mathrm{i}}{\hbar}p_x\psi,\quad \frac{\partial \psi}{\partial y}=\frac{\mathrm{i}}{\hbar}p_y\psi,\quad \frac{\partial \psi}{\partial z}=\frac{\mathrm{i}}{\hbar}p_z\psi. \tag{3.17}$$
这三个关系式表明粒子的动量 $\boldsymbol{p}$ 与算符 $-\mathrm{i}\hbar\nabla$ 相当.这些方程中都含有状态参量 E 和 p,不符合上述要求(4).若将(3.17)式分别平方相加,利用 $E=\dfrac{1}{2m}p^2$ 可以消去方程中的状态参量,可是这样得到的方程不

是线性的,违背了要求(2). 可以取波函数对空间变量的二阶导数

$$\frac{\partial^2 \psi}{\partial x^2} = -\frac{p_x^2}{\hbar^2}\psi, \quad \frac{\partial^2 \psi}{\partial y^2} = -\frac{p_y^2}{\hbar^2}\psi, \quad \frac{\partial^2 \psi}{\partial z^2} = -\frac{p_z^2}{\hbar^2}\psi,$$

所以

$$\nabla^2 \psi = \frac{\partial^2 \psi}{\partial x^2} + \frac{\partial^2 \psi}{\partial y^2} + \frac{\partial^2 \psi}{\partial z^2} = -\frac{p^2}{\hbar^2}\psi. \tag{3.18}$$

利用 $E = \frac{1}{2m}p^2$,由(3.16)式和(3.18)式得

$$i\hbar \frac{\partial \psi}{\partial t} = -\frac{\hbar^2}{2m}\nabla^2 \psi. \tag{3.19}$$

这一方程是描述自由粒子的波函数所满足的方程,它与上述要求(1)—(4)相适应.

如果粒子不是自由的,粒子在力场中的势能为 $U(x,y,z,t)$,粒子的能量和动量的关系是

$$E = \frac{1}{2m}p^2 + U, \tag{3.20}$$

(3.19)式换为

$$i\hbar \frac{\partial \psi}{\partial t} = -\frac{\hbar^2}{2m}\nabla^2 \psi + U\psi. \tag{3.21}$$

这就是我们要找的**薛定谔方程**,它是粒子在力场中运动时波函数所满足的方程. 这一方程可以这样来记忆,将经典的能量、动量关系(3.20)式作用到波函数上,并且作替换

$$E \rightarrow i\hbar \frac{\partial}{\partial t}, \quad \boldsymbol{p} \rightarrow -i\hbar \nabla$$

就得到薛定谔方程(3.21)式.

薛定谔方程中含有虚数因子 i,它的解波函数就必定是一个复数函数,因此这与前面 3.4 节对波函数的要求是一致的.

- **定态薛定谔方程**

如果薛定谔方程(3.21)式中粒子的势能不显含时间,

$$U(\boldsymbol{r},t) = U(\boldsymbol{r}), \tag{3.22}$$

则薛定谔方程可以分离变量,即粒子的波函数 $\psi(\boldsymbol{r},t)$ 可以写成空间

变量 r 的函数 $\psi(r)$ 和时间变量 t 的函数 $f(t)$ 的乘积,

$$\psi(r,t) = \psi(r)f(t), \tag{3.23}$$

将 $\psi(r,t)$ 代入薛定谔方程(3.21)式经整理可得

$$\frac{i\hbar}{f(t)}\frac{df(t)}{dt} = \frac{1}{\psi(r)}\left[-\frac{\hbar^2}{2m}\nabla^2\psi(r) + U(r)\psi(r)\right].$$

此等式左边为时间变量 t 的函数,右边为空间变量 r 的函数,而时间变量 t 和空间变量 r 是相互独立的变量.因此此等式两边必同时等于一个常量,以 E 表示,则得两个方程

$$\begin{cases} i\hbar\dfrac{df(t)}{dt} = Ef(t), & (3.24) \\ -\dfrac{\hbar^2}{2m}\nabla^2\psi(r) + U(r)\psi(r) = E\psi(r), & (3.25) \end{cases}$$

(3.24)式是一个一阶常系数常微分方程,容易解得

$$f(t) = Ce^{\frac{-iE}{\hbar}t}, \tag{3.26}$$

式中 C 为任意常数,将此结果代入(3.23)式,把常数 C 吸收到 $\psi(r)$ 中去,得薛定谔方程(3.21)式的解为

$$\psi(r,t) = \psi(r)e^{-\frac{iE}{\hbar}t}. \tag{3.27}$$

以下说明几点:

(1) 势能不显含时间的状态称为定态.由(3.27)式可以看出定态解是一个随时间振荡的函数,振荡角频率为 $\omega = E/\hbar$.由德布罗意关系可知,分离变量过程中引入的常数 E 就是粒子的总能量.由此可见,粒子系统处于定态时,能量 E 具有确定值.

(2) $\psi(r)$ 称为定态波函数.粒子处于定态时,只要解出定态波函数,求解薛定谔方程(3.21)式的问题就全部解决了.

(3) 式(3.25)称为定态薛定谔方程.在力学中以坐标和动量表示的总能量称为哈密顿量,表示为 $H = \dfrac{1}{2m}p^2 + U$,因此定态薛定谔方程可以写成如下形式

$$\hat{H}\psi(r) = E\psi(r), \tag{3.28}$$

式中 $\hat{H}$ 称为哈密顿算符,其中的动量算符为 $\boldsymbol{p} = -i\hbar\nabla$.(3.28)式

这一类方程在数学上称为本征方程，E 称为算符 $\hat{H}$ 的本征值，$\psi(r)$ 称为算符 $\hat{H}$ 本征值为 E 的本征函数.

根据定态薛定谔方程以及相应的边条件，即波函数所满足的标准条件，可同时解出本征值和相应的本征函数.

3.7 薛定谔方程应用举例

- 概述
- 一维谐振子
- 一维无限深方势阱
- 势垒穿透(隧道效应)

● **概述**

量子力学的一个重要课题是对于所研究的粒子系统明确地写出粒子的势能，代入薛定谔方程，求解粒子的波函数，有了波函数就可以得知粒子出现的概率分布以及粒子的其他行为. 一般说来，薛定谔方程可严格求解的情形不多，而且严格求解情形也会遇到繁杂的数学问题；而大多数情形需要借助于近似方法求解. 这不是本课程的任务. 下面仅举几个例子，说明微观粒子运动的特征，从中也可体会用薛定谔方程解具体问题的思路.

● **一维无限深方势阱**

如图 3-8 所示，粒子的势能为

$$U(x) = \begin{cases} 0, & 0 < x < a, \\ \infty, & x \leq 0, x \geq a, \end{cases} \quad (3.29)$$

粒子限制在 $0 < x < a$ 的区间内运动，粒子在边界受到很强的力，迫使它反转运动方向. 这是一种十分简单的理想化情形. 实际上只要边界外的势能远大于粒子的动能，这种势能的结构就是很好的近似. 电子能够自由地在金属内部运动，不能逸出金属表面，就类似这种情形.

势能的形式不显含时间，因而粒子处于定态，只需要解定态薛定谔方程. 将势能(3.29)式代入一维薛定谔方程，得在 $(0, a)$ 区间内

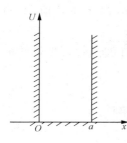

图 3-8 一维无限深方势阱

$$\frac{d^2\psi}{dx^2} + k^2\psi = 0, \quad k^2 = \frac{2mE}{\hbar^2}, \quad (3.30)$$

这是一个二阶常系数常微分方程，其通解为

$$\psi(x) = Ae^{ikx} + Be^{-ikx}, \quad (3.31)$$

A, B 为两个任意常数. (3.31)式表明薛定谔方程的解在$(0, a)$区间是一个向右传播的平面波 e^{ikx} 和一个向左传播的平面波 e^{-ikx} 的叠加.

在 $x \leq 0, x \geq a$ 区域，定态薛定谔方程为

$$\frac{d^2\psi}{dx^2} - \lambda^2\psi = 0, \quad \lambda^2 = \frac{2m(U-E)}{\hbar^2}, \quad (3.32)$$

其通解为

$$\psi(x) = Ce^{\lambda x} + De^{-\lambda x}, \quad (3.33)$$

式中 C 和 D 也是两个任意常数. 考虑到(3.32)式，$U \to \infty$，则 $\lambda \to \infty$，因而在 $x \geq a$ 区域内，解中的第二项等于零；其次，由于波函数必须满足有限的条件，因此必须令 $C = 0$. 同样考虑，在 $x \leq 0$ 区域内，解中的第一项为零；由于波函数必须有限，还须令 $D = 0$. 结果在 $x \leq 0$ 和 $x \geq a$ 的区域内，

$$\psi(x) \equiv 0, \quad x \leq 0, x \geq a, \quad (3.24)$$

这表明粒子不可能进入 $x \leq 0, x \geq a$ 的区域.

根据波函数标准条件的连续性要求，在边界处波函数应该连续，因此 $\psi(0) = 0$，(3.31)式化为

$$A + B = 0 \quad 即 \quad B = -A,$$

于是

$$\psi(x) = A(e^{ikx} - e^{-ikx}) = 2iA\sin kx = C\sin kx, \quad (3.35)$$

式中 $C = 2iA$ 为另一常数；再考虑波函数在端点 a 连续，

$$\psi(a) = C\sin ka = 0,$$

显然式中 $C \neq 0$，否则波函数在 $0 < x < a$ 区域内恒为零，因此，必有

$$\sin ka = 0 \quad 即 \quad ka = n\pi, \quad n = 1, 2, 3, \cdots, \quad (3.36)$$

式中 n 为正整数，称为量子数. 这表明波函数连续性要求限制了 k 的取值，k 只能取 π/a 的整数倍值.

3.7 薛定谔方程应用举例

根据德布罗意关系 $p=\hbar k = n\hbar\dfrac{\pi}{a}$，由(3.30)式得粒子相应的能量为

$$E = \frac{\hbar^2}{2m}k^2 = \frac{n^2\pi^2\hbar^2}{2ma^2}, \qquad (3.37)$$

这表明，粒子不可能具有任意的能量，只能取(3.37)式中 n 为正整数的那些值，如图 3-9 所示．能量是量子化的，构成能级分布．

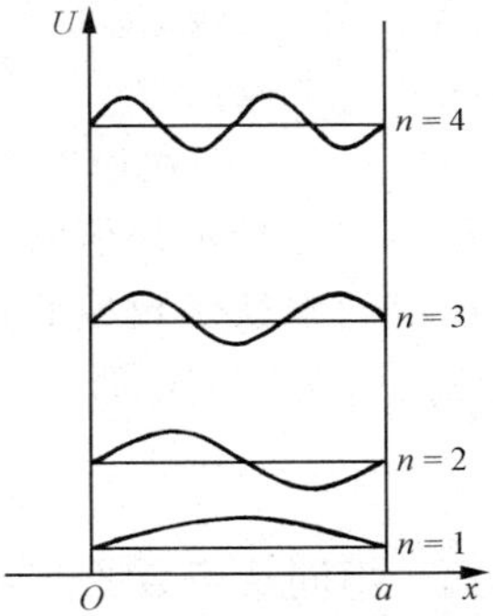

为了将粒子波函数完全确定下来，还需要确定(3.35)式中的常数 C，利用波函数的归一化条件(3.15)式得

$$\int |\psi(x)|^2 \mathrm{d}x = C^2 \int_0^a \sin^2\frac{n\pi x}{a}\,\mathrm{d}x$$
$$= C^2 \cdot \frac{a}{2} = 1,$$

图 3-9 一维无限深方势阱的能级与定态波函数

所以

$$C = \sqrt{\frac{2}{a}},$$

于是归一化波函数为

$$\psi(x) = \sqrt{\frac{2}{a}}\sin\frac{n\pi x}{a}, \qquad (3.38)$$

不同量子数 n 对应的状态的定态波函数也示于图 3-9 中．根据(3.38)式，容易得出不同状态的粒子分布概率．

最后对于以上所得的带有普遍意义的几点再作一些说明：

(1) 本例中能量只能取一些特定值，而非可任意连续取值，这并非是本例特有的结果．事实上，只要粒子约束在一定的势场区域内，根据波函数应满足的标准条件，就自然得出能量量子化的结果．由此可见，在量子力学中能量量子化的结果是自然地包括在薛定谔方程的解及其满足的条件之中的．当然不同的具体问题中势能的形式不同，能量离散的具体形式不同．

(2) 本例中粒子的最低能量是 $E_1 = \dfrac{\pi^2\hbar^2}{2ma^2}$，而不是零．虽然在前

面的讨论中,为满足 $\sin ka = 0$,必有 $ka = n\pi$,从数学上说 n 可以为零.然而 $n = 0$,一方面得出 $\psi(x) \equiv 0$,没有意义;另一方面 $E = 0$,这与不确定关系是不相容的.根据不确定关系,在量子力学中"静止的粒子"是没有意义的,因为粒子静止,意味着动量为零,位置确定,于是 $\Delta x = 0, \Delta p_x = 0$,这显然违背不确定关系.因此粒子的动能不可能为零.最低能量常称为零点能.零点能的存在是粒子限制在有限区域运动的共同特点.

(3)(3.38)式给出的是不同量子数对应状态的定态波函数,也就是不同能量本征值所对应的本征函数.可以证明对应于不同能量本征值的本征函数彼此正交.两个不同能量本征值的本征函数的正交性定义为它们的乘积对整个空间的积分恒等于零,即

$$\int_{\text{整个空间}} \psi_n^* \psi_{n'} \mathrm{d}x = 0. \qquad (3.39)$$

将两个不同量子数的波函数(3.38)式代入(3.39)式,注意到 $\psi_n(x)$ 是实函数,有 $\psi_n^*(x) \equiv \psi_n(x)$,我们可以写出

$$\begin{aligned}\int_0^a \psi_n^*(x)\psi_{n'}(x)\mathrm{d}x &= \frac{2}{a}\int_0^a \sin\frac{n\pi x}{a}\sin\frac{n'\pi x}{a}\mathrm{d}x \\ &= \frac{1}{a}\int_0^a \left[\cos\frac{(n-n')\pi x}{a} - \cos\frac{(n+n')\pi x}{a}\right]\mathrm{d}x \\ &= 0.\end{aligned}$$

本征函数的正交性是本征函数的一个重要的普遍性质,它不是这里无限深势阱问题所特有的性质.

(4)从图 3-9 可以看出,按照能量大小顺序排列,第 $n+1$ 个能级的波函数在其取值范围内有 n 个节点(不包括边界点),基态无节点.这一点也并不是无限深势阱问题中所特有的,它具有普遍的意义.

- **一维谐振子**

一维谐振子的粒子势能可以写成

$$U = \frac{1}{2}m\omega^2 x^2, \qquad (3.40)$$

如图 3-10 所示,式中 m 为粒子质量,ω 为粒子振动角频率.谐振子也是一种理想化的简单模型,分子的振动和固体中原子的振动在一级近

似下可以看成谐振子.

一维谐振子的势能也不显含时间,因此谐振子处于定态,只需要解定态薛定谔方程.将势能(3.40)式代入一维薛定谔方程,得

$$-\frac{\hbar^2}{2m}\frac{d^2\psi}{dx^2}+\frac{1}{2}m\omega^2 x^2\psi=E\psi, \quad (3.41)$$

这是一个变系数常微分方程,求解较为复杂,需要特殊的解法.这里从略,下面直接给出一些结果:

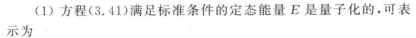

图 3-10 一维谐振子的势能

(1) 方程(3.41)满足标准条件的定态能量 E 是量子化的,可表示为

$$E=\left(n+\frac{1}{2}\right)\hbar\omega, \quad (3.42)$$

式中 n 为量子数,取零或正整数,$n=0,1,2,3,\cdots$,谐振子的能级是等间距的,相邻两能级的间距为 $\hbar\omega$.

(2) 量子数 $n=0$ 的能量是谐振子的最小能量,为 $\frac{1}{2}\hbar\omega$,称为谐振子的零点振动能.它表明微观粒子即使在最低能态也不可能是静止的,仍具有一定的能量.这是微观粒子波粒二象性的表现,与不确定关系相容.

(3) 谐振子不同定态的波函数是一些特殊函数,称为厄米多项式,图 3-11 中给出了波函数随 x 变化的图线.从图中可以看出,在边

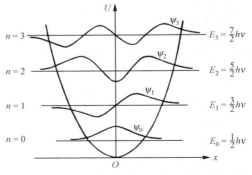

图 3-11 一维谐振子的能级和定态波函数

界外面波函数并不为零,因此在该区域内找到粒子的概率不为零. 这是量子力学与经典力学的重要区别之一,正是由于这一区别,引起一种势垒穿透的量子效应,它使我们对于某些微观现象得以理解. 下面我们将更仔细地讨论它.

- **势垒穿透(隧道效应)**

考虑质量为 m 的粒子的势能形式为

$$U = \begin{cases} U_0, & 0 < x < a, \\ 0, & x \leqslant 0, x \geqslant a. \end{cases} \quad (3.43)$$

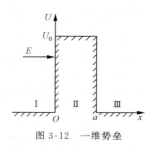

图 3-12 一维势垒

现在设微观粒子的能量 $E < U_0$,从左边入射. 按照经典力学,粒子到达 $x=0$ 的势垒壁处,如图 3-12 所示,粒子绝对不可能穿过势垒到达 $x > a$ 的区域,而是受到较大的作用力反弹回去;但是根据量子力学,考虑到粒子的波动性,与波遇到一层厚度为 a 的介质相似. 粒子有一定的概率穿透势垒,另有一定的概率被反射回去.

根据粒子的势能(3.43)式,可分三个区域写出定态薛定谔方程

Ⅰ 区: $\dfrac{d^2\psi_1}{dx^2} + \dfrac{2mE}{\hbar^2}\psi_1 = 0, \qquad x \leqslant 0, \qquad (3.44)$

Ⅱ 区: $\dfrac{d^2\psi_2}{dx^2} - \dfrac{2m(U_0-E)}{\hbar^2}\psi_2 = 0, \quad 0 < x < a, \quad (3.45)$

Ⅲ 区: $\dfrac{d^2\psi_3}{dx^2} + \dfrac{2mE}{\hbar^2}\psi_3 = 0, \qquad x \geqslant a. \qquad (3.46)$

令 $k_1^2 = \dfrac{2mE}{\hbar^2}$, $k_2^2 = \dfrac{2m}{\hbar^2}(U_0-E)$,此三个方程化为

Ⅰ 区: $\dfrac{d^2\psi_1}{dx^2} + k_1^2\psi_1 = 0, \quad x \leqslant 0, \qquad (3.47)$

Ⅱ 区: $\dfrac{d^2\psi_2}{dx^2} - k_2^2\psi_2 = 0, \quad 0 < x < a, \qquad (3.48)$

Ⅲ 区: $\dfrac{d^2\psi_3}{dx^2} + k_1^2\psi_3 = 0, \quad x \geqslant a. \qquad (3.49)$

它们是二阶常系数常微分方程,其通解为

Ⅰ 区: $\psi_1 = A_1 e^{ik_1 x} + B_1 e^{-ik_1 x},$ (3.50)

Ⅱ 区: $\psi_2 = A_2 e^{k_2 x} + B_2 e^{-k_2 x},$ (3.51)

Ⅲ 区: $\psi_3 = A_3 e^{ik_1 x} + B_3 e^{-ik_1 x},$ (3.52)

式中 $A_1, B_1, A_2, B_2, A_3, B_3$ 是解这些二阶常系数常微分方程的任意常数. (3.50)式第一项代表入射的波,第二项代表在 $x=0$ 处的反射波;Ⅱ区定态薛定谔方程的解不具有波的特征;Ⅲ区与Ⅰ区相同,不过考虑到在Ⅲ区整个区域内介质均匀,不可能存在自右向左传播的波,因此 $B_3=0$,其解化为

Ⅲ 区: $\psi_3 = A_3 e^{ik_1 x}.$ (3.53)

以上三区的波函数应在边界上满足连续条件,并有连续的一阶导数,即

$$\psi_1(0) = \psi_2(0), \quad (3.54)$$

$$\left(\frac{d\psi_1}{dx}\right)_0 = \left(\frac{d\psi_2}{dx}\right)_0, \quad (3.55)$$

$$\psi_2(a) = \psi_3(a), \quad (3.56)$$

$$\left(\frac{d\psi_2}{dx}\right)_a = \left(\frac{d\psi_3}{dx}\right)_a. \quad (3.57)$$

根据这四个条件,对于给定的入射波 A_1,可解出 B_1, A_2, B_2 和 A_3 来. 结果是,在Ⅰ区既有入射波又有反射波,故Ⅰ区的波函数具有驻波的性质;在Ⅱ区,波函数不具有波的性质,它随时间是振荡的;在Ⅲ区只有向右传播的波,波函数具有行波的性质. 波函数随 x 变化如图 3-13 所示. 结果表明从左边入射的粒子当能量 $E<U_0$ 时,可以有

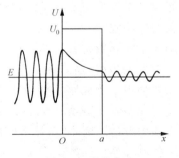

图 3-13 势垒穿透

一定的概率穿透势垒进入势垒的另一边去,此即微观粒子的**势垒穿透**,或称为**隧道效应**. 这是微观粒子的量子力学行为.

我们可以计算入射粒子穿透势垒的透射系数,它定义为透射波概率流密度与入射波概率流密度之比(穿透概率),为

$$D = \frac{|A_3|^2}{|A_1|^2} = \frac{16E(U_0-E)}{U_0^2}\mathrm{e}^{-2k_2 a} = \frac{16E(U_0-E)}{U_0^2}\mathrm{e}^{-\frac{2}{\hbar}\sqrt{2m(U_0-E)}a},$$

(3.58)

由于势垒宽度 a 出现在指数上,因此透射系数对 a 的依赖十分敏感. 对于电子,$m=m_\mathrm{e}=9.10\times10^{-31}$ kg,取 $U_0-E\approx 5$ eV,则可算出

$$D \sim \mathrm{e}^{-2.3\times 10^{10} a}.$$

当 $a=10^{-10}$ m, $D\sim \mathrm{e}^{-2.3}\approx 0.1$;

当 $a=10^{-9}$ m, $D\sim \mathrm{e}^{-23}\approx 10^{-10}$.

可见当 a 只有原子大小 0.1 nm 的微观尺度时,透射系数有一定的值;而当 a 仅增加 10 倍时,透射系数下降到十亿分之一;对于宏观的尺度,势垒穿透的概率微小得实际上不可能发生,也就是说根本不存在.

势垒穿透(隧道效应)是微观尺度的量子力学行为,微观世界的许多现象,如 α 粒子放射性、电子的场致发射等都与它有关.

物理学家曾利用隧道效应发明隧道二极管,20 世纪 80 年代物理学家利用隧道效应发明了可观察物质表面原子排布的扫描隧穿显微镜(STM),它主要利用的就是隧道效应对势垒宽度依赖的极端敏感性. STM 不需要电子枪和电磁透镜系统,它有一个特制的针尖,针尖与样品间距为 a. 当间距 a 较大时,针尖内的电子波函数与样品内的电子波函数是分开的,电子在它们之间不能渡越,犹如其间存在一个较宽的势垒;当间距 a 为 0.1 nm 量级时,两边的电子波函数重叠,只要加很小的电压,电子就可渡越势垒而产生隧道电流. 这一隧道电流对间距 a 十分敏感,a 有很小的变化即引起隧道电流的明显变化. 实验中维持电流不变,调节间距使针尖沿着样品表面横向移动,就可以探测样品表面原子排布的三维图像. 图 3-14 是 STM 装置和扫描的原子排布图.

扫描隧穿显微镜要解决的复杂技术难题是:制备尖端只有一个或少数几个原子的探针尖,消除外界震动和内部机械振动的影响,使探针-表面间隙保持稳定,有非常可靠而稳定的扫描调节系统,以及尽可能消除热的影响,等等. 扫描隧穿显微镜给出表面三维图像,纵

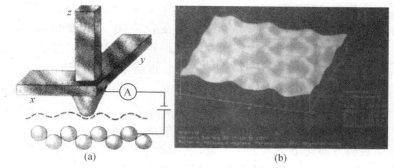

图 3-14　STM 装置和扫描的原子排布图

向分辨率达 0.005 nm，横向分辨率达 0.2 nm.

　　扫描隧穿显微镜目前用于观察材料的表面形貌，为研究物质的表面结构，探索表面催化、金属腐蚀等微观机理提供有力的资料．它的应用正扩大到化学和生物学领域．

3.8　薛定谔方程的若干定性讨论

- 概述
- 一维有限方势阱
- 薛定谔方程的解的变化趋势

● **概述**

　　除了直接解薛定谔方程之外，有时可以根据薛定谔方程的某些特征得出其解的某些性质，这种对于问题的洞察力在实际工作中常常是很有益处的．

● **薛定谔方程的解的变化趋势**

　　将一维定态薛定谔方程(3.25)式变形，写成

$$\psi''(x) = \frac{\mathrm{d}^2\psi(x)}{\mathrm{d}x^2} = -\frac{2m}{\hbar^2}[E - U(x)]\psi(x). \quad (3.59)$$

由此式可以看出：

　　(1) $\psi''(x)$ 是波函数的二阶导数．波函数 $\psi(x)$ 的一阶导数 $\psi'(x)$

是波函数随 x 的变化率,波函数的二阶导数 $\psi''(x)$ 则是 $\psi'(x)$ 随 x 的变化率,也就是波函数 $\psi(x)$ 随 x 的变化率随 x 的变化状况. 由(3.59)式,当 $U(x)<E$ 时,$\psi''(x)$ 与 $\psi(x)$ 符号相反,其中当 $\psi(x)>0$ 时,$\psi''(x)<0$;当 $\psi(x)<0$ 时,$\psi''(x)>0$. 也就是说在这种情形下,当 $\psi(x)>0$ 时,一阶导数 $\psi'(x)$ 随 x 增加而不断减小,这表明波函数是一个正的凸函数;当 $\psi(x)<0$ 时,一阶导数 $\psi'(x)$ 随 x 增加而不断增大,这表明波函数是一个负的凹函数. 如图 3-15(a)所示. 由于正的凸函数将弯曲向下进入负的区域,进入负的区域则变成凹函数,如此这般,当 $U(x)<E$ 时,波函数为振荡型的解.

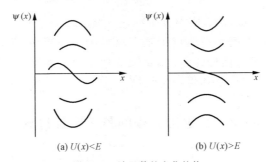

(a) $U(x)<E$　　　(b) $U(x)>E$

图 3-15　波函数的变化趋势

势能小于总能量即 $U(x)<E$ 的情形是经典物理所允许的情形,上述波函数解为振荡型解表明经典所允许区域存在波动过程.

(2) $U(x)>E$ 的情形是经典禁区. 按照经典物理,粒子不可能在该区域存在. 然而由(3.59)式,$\psi''(x)$ 与 $\psi(x)$ 符号相同. 当 $\psi(x)>0$ 时,$\psi''(x)>0$,波函数是正的凹函数;当 $\psi(x)<0$ 时,$\psi''(x)<0$,波函数是负的凸函数. 由此可得两点结论:① 在经典禁区内,按照量子力学薛定谔方程,波函数可以不为零,粒子可在其中存在. ② 由波函数变化的趋势,波函数只能是指数型的衰减解.

(3) 波函数变化的趋势还与能量 E 和势能 $U(x)$ 的差值有关. 差值越大,振荡变化得越快.

以上的各点结果在前面薛定谔方程的应用举例中都可以找到例证.

- **一维有限方势阱**

现在我们考虑粒子的势能为

$$U(x) = \begin{cases} 0, & 0 < x < a, \\ U_0, & x \leqslant 0, x \geqslant a. \end{cases} \quad (3.60)$$

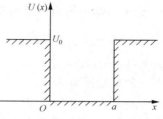

图 3-16　一维有限方势阱

在 $x \leqslant 0$ 和 $x \geqslant a$ 区域内势能不是无限大,而是有限值 U_0. 这个问题可以仿照一维无限深势阱问题来求解,解出在各个区域的波函数,再根据波函数标准条件单值、有限、连续的要求得出具体的结果. 然而其代数运算颇为冗长,我们现在不再继续做下去,而是依照前面讲述定性讨论方法,可得出以下几点结论:

(1) 粒子约束在一定的势场区域内,能量是量子化的.

(2) 粒子的定态波函数如图 3-17 所示,在经典允许区域内是振荡型的;在经典禁区内并不为零,而是呈指数衰减为零.

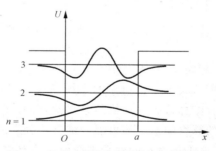

图 3-17　一维有限方势阱的能级和本征函数

(3) 图 3-17 所示的波函数是 $n=1,2,3$ 三个量子态的波函数,$n=1$ 为基态,基态波函数没有节点;随着 n 增加,节点逐一增加.

3.9　量子力学中的力学量

- 量子力学中的力学量用算符表示
- 线性厄米算符
- 算符的对易关系
- 力学量的测量值及其概率

- **量子力学中的力学量用算符表示**

物理学是一门定量的学科,它对于一定的物理系统处于一定的状态,需要作出定量的描述,也就是给出相关的物理量的量值,这些物理量在量子力学中一般称为力学量或可观测量.

经典力学中,一定的物理系统处于一定的状态,其力学量具有确定的量值,例如一定质量的质点具有一定的速度时,它有确定的动量和动能,它们是物理系统处于一定状态的标记.

量子力学中的力学量不同于经典力学中的力学量,由于微观粒子的波粒二象性,当物理系统处于一定状态时,不仅力学量可能并不具有确定值,而且力学量不能看成一般的物理量,而要用算符来表示.

所谓算符是作用于一个函数上的运算符号. 用 $\hat{F}$ 表示算符,它作用于一个函数 u 上,一般得出另一个函数 v,即

$$\hat{F}u = v.$$

如果算符 $\hat{F}$ 作用于一个函数 u 上,得到 u 乘以某个常数 λ,即

$$\hat{F}u = \lambda u, \tag{3.61}$$

(3.61)式则称为算符 $\hat{F}$ 的本征方程,式中的 λ 称为算符 $\hat{F}$ 的本征值,u 则称为算符 $\hat{F}$ 属于本征值 λ 的本征函数. 一般地,算符的本征值可以有多个,有的算符的本征值是分立的,有的算符的本征值可能是连续的,也有的算符的本征值可能一部分是分立的,另一部分是连续的. 此外,还可能出现算符的一个本征值对应有多个(n 个)本征函数的情形,这种情形称为算符的本征值是简并的;如果这 n 个本征函数是线性无关的,则本征值的简并度为 n.

为了具体说明量子力学中的力学量必须看成算符,我们考虑计算一个粒子系统的动量平均值.

平均值概念是一个很普通的概念. 当一个系统的某个量 A 具有一定的分布时就会出现该量 A 的平均值问题,A 的平均值为

$$\overline{A} = \frac{\int A \cdot P \mathrm{d}x}{\int P \mathrm{d}x}, \tag{3.62}$$

式中 $P\mathrm{d}x$ 是 A 的分布概率(频度). 微观粒子的状态由波函数 $\psi(x)$ 描述, 微观粒子的位置(坐标)处于 x 的概率密度为 $|\psi(x)|^2 = \psi^*(x)\psi(x)$, 因此微观粒子的坐标(位置)的平均值为

$$\bar{x} = \frac{\int \psi^*(x) x \psi(x) \mathrm{d}x}{\int \psi^*(x) \psi(x) \mathrm{d}x}. \tag{3.63}$$

当波函数 $\psi(x)$ 已归一化, 则

$$\bar{x} = \int \psi^*(x) x \psi(x) \mathrm{d}x. \tag{3.64}$$

现在我们要问微观粒子的动量平均值如何计算, 能够写成 $\bar{P} = \int \psi^*(x) p \psi(x) \mathrm{d}x$ 吗? 回答是不行的, 因为此表示式中意味着对于每个微分区域 $\mathrm{d}x$ 内坐标 x 和动量 p 都有确定值, 这违背了不确定关系. 因此我们必须另起炉灶.

由于态叠加原理, 微观粒子的态函数可以展开成一系列平面波的叠加,

$$\psi(x,t) = \frac{1}{(2\pi\hbar)^{1/2}} \int c(p,t) \mathrm{e}^{\frac{\mathrm{i}}{\hbar}(px-Et)} \mathrm{d}p, \tag{3.65}$$

其中展开系数

$$c(p,t) = \frac{1}{(2\pi\hbar)^{1/2}} \int \psi(x,t) \mathrm{e}^{-\frac{\mathrm{i}}{\hbar}(px-Et)} \mathrm{d}x, \tag{3.66}$$

$c(p,t)$ 称为波函数 $\psi(x,t)$ 的傅里叶变换式, 其物理意义是处于 $\psi(x,t)$ 态的微观粒子在 t 时刻测得其动量为 $p \to p + \mathrm{d}p$ 的概率是 $|c(p,t)|^2 \mathrm{d}p$, 因此可以利用 $c(p,t)$ 求出处于 $\psi(x,t)$ 态的微观粒子在 t 时刻的动量平均值为

$$\bar{p} = \int c^*(p,t) p c(p,t) \mathrm{d}p. \tag{3.67}$$

现在只是在微分区域内动量 p 有确定值, 而非坐标 x 和动量 p 都有确定值, 因此不会破坏不确定关系.

于是我们可以计算动量的平均值如下:

$$\bar{p} = \int c^*(p,t) p c(p,t) \mathrm{d}p$$

$$= \int \left[\frac{1}{(2\pi\hbar)^{1/2}} \int \psi(x,t) e^{-\frac{i}{\hbar}(px-Et)} dx \right]^* pc(p,t) dp$$

$$= \int \left[\frac{1}{(2\pi\hbar)^{1/2}} \int \psi^*(x,t) e^{\frac{i}{\hbar}(px-Et)} dx \right] pc(p,t) dp$$

$$= \int \frac{1}{(2\pi\hbar)^{1/2}} \int \psi^*(x,t) \left[p e^{\frac{i}{\hbar}(px-Et)} \right] c(p,t) dp dx$$

$$= \int \frac{1}{(2\pi\hbar)^{1/2}} \int \psi^*(x,t) \left[-i\hbar \frac{d}{dx} e^{\frac{i}{\hbar}(px-Et)} \right] c(p,t) dp dx$$

$$= \int \psi^*(x,t) \left(-i\hbar \frac{d}{dx} \right) \psi(x,t) dx. \tag{3.68}$$

上述演算中用到(3.66)式和(3.65)式以及

$$-i\hbar \frac{d}{dx} e^{\frac{i}{\hbar}(px-Et)} = p e^{\frac{i}{\hbar}(px-Et)}. \tag{3.69}$$

如果将 $-i\hbar \dfrac{d}{dx}$ 记为动量算符 $\hat{p}$，则(3.68)式可写成

$$\bar{p} = \int \psi^*(x,t) \hat{p} \psi(x,t) dx. \tag{3.70}$$

三维情形，动量算符为

$$\hat{\boldsymbol{p}} = -i\hbar \nabla. \tag{3.71}$$

动量的平均值为

$$\bar{\boldsymbol{p}} = \iiint \psi^*(\boldsymbol{r},t) \hat{\boldsymbol{p}} \psi(\boldsymbol{r},t) d\boldsymbol{r}. \tag{3.72}$$

这样我们就得到一个用波函数 $\psi(\boldsymbol{r},t)$ 直接计算动量平均值的普遍公式，而不必像(3.67)式那样先通过波函数 $\psi(\boldsymbol{r},t)$ 求出其傅里叶变换式 $c(\boldsymbol{p},t)$，再由 $c(\boldsymbol{p},t)$ 来计算，可是这样做必须要把动量看作微分算符 $-i\hbar\nabla$。这个结果与我们前面建立薛定谔方程时形式地把经典力学关系中的动量 $\boldsymbol{p}$ 用 $-i\hbar\nabla$ 来替代是一致的。现在可以看到，它来源于不确定关系，即来源于微观粒子的波粒二象性。

通常量子力学中的其他力学量也都需要用算符表示，力学量用算符表示是量子力学的一条基本假设。上面对于动量这个力学量给出了具体的说明，这对于我们认识微观粒子的波粒二象性大有裨益。对于量子力学中有，而在经典力学中也有的一些力学量 F，表示这些力学量

的算符 $\hat{F}$ 由它们对于坐标和动量的表示式 $F(\boldsymbol{r},\boldsymbol{p})$ 中将动量 $\boldsymbol{p}$ 换为算符 $\hat{\boldsymbol{p}}=-\mathrm{i}\hbar\nabla$ 得出，例如角动量算符为 $\hat{\boldsymbol{L}}=\hat{\boldsymbol{r}}\times\hat{\boldsymbol{p}}=-\mathrm{i}\hbar\boldsymbol{r}\times\nabla$，动能算符为 $\hat{E}_k=\dfrac{\hat{\boldsymbol{p}}^2}{2m}=-\dfrac{\hbar^2}{2m}\nabla^2$. 至于那些只在量子力学中才有，而经典力学中所没有的力学量如自旋等，则需要根据实验所提供的资料加以确定.

- **线性厄米算符**

上面已述及量子力学中的力学量用算符表示，那么它们是哪一类算符？它们有哪些重要的性质？

线性算符　如果算符 $\hat{F}$ 满足

$$\hat{F}(c_1\psi_1+c_2\psi_2)=c_1\hat{F}\psi_1+c_2\hat{F}\psi_2, \tag{3.73}$$

其中 c_1,c_2 为任意常数，ψ_1,ψ_2 为任意函数，则算符 $\hat{F}$ 称为**线性算符**.

厄米算符　如果对于两个任意函数 ψ 和 ϕ，算符 $\hat{F}$ 满足下列等式

$$\int\psi^*\hat{F}\phi\,\mathrm{d}x=\int(\hat{F}\psi)^*\phi\,\mathrm{d}x, \tag{3.74}$$

则算符称为**厄米算符**，式中 x 代表所有的变量，积分范围是所有变量变化的整个区域.

厄米算符有一些重要的基本性质：

(1) 厄米算符的本征值是实数

以 λ_n 表示算符 $\hat{F}$ 的本征值，ψ_n 表示所属的本征函数，即 $\hat{F}\psi_n=\lambda_n\psi_n$，在(3.74)式中取 ψ 和 ϕ 都为 ψ_n，则有

$$\lambda_n\int\psi_n^*\psi_n\,\mathrm{d}x=\lambda_n^*\int\psi_n^*\psi_n\,\mathrm{d}x.$$

由此得

$$\lambda_n=\lambda_n^*, \tag{3.75}$$

即厄米算符的本征值为实数.

(2) 厄米算符在任意态中的平均值为实数

设 ψ 为任意态，厄米算符 $\hat{F}$ 在此任意态中的平均值为

$$\bar{F}=\int\psi^*\hat{F}\psi\,\mathrm{d}x=\int(\hat{F}\psi)^*\psi\,\mathrm{d}x=\left(\int\psi^*(\hat{F}\psi)\,\mathrm{d}x\right)^*$$
$$=\bar{F}^*, \tag{3.76}$$

可见厄米算符在任意态的平均值为实数.

(3) 厄米算符属于不同本征值的本征函数彼此正交

"正交"本来是几何学中的一个概念. 两个矢量的正交是指矢量的内积为零,也就是两个矢量在空间的坐标轴上的分量之和为零. 现在把矢量正交的概念引申到函数空间的函数上, 两个态函数的正交是指两个态函数乘积的积分 $\int \psi_n^* \psi_m \mathrm{d}x = 0$.

设 ψ_n, ψ_m 是厄米算符 $\hat{F}$ 的任意两个本征函数, λ_n, λ_m 是相应的本征值,

$$\hat{F}\psi_n = \lambda_n \psi_n, \quad \hat{F}\psi_m = \lambda_m \psi_m.$$

积分

$$\int \psi_n^* \hat{F} \psi_m \mathrm{d}x = \lambda_m \int \psi_n^* \psi_m \mathrm{d}x.$$

根据厄米算符的定义,该积分又等于

$$\int (\hat{F}\psi_n)^* \psi_m \mathrm{d}x = \lambda_n^* \int \psi_n^* \psi_m \mathrm{d}x = \lambda_n \int \psi_n^* \psi_m \mathrm{d}x,$$

于是有

$$(\lambda_n - \lambda_m) \int \psi_n^* \psi_m \mathrm{d}x = 0.$$

由于 $\lambda_n \neq \lambda_m$,则得

$$\int \psi_n^* \psi_m \mathrm{d}x = 0. \tag{3.77}$$

这就证明了厄米算符属于不同本征值的本征函数彼此正交.

如果这一本征函数系已归一化,正交归一本征函数系可统一表述为

$$\int \psi_n^* \psi_m \mathrm{d}x = \delta_{nm}, \tag{3.78}$$

式中 δ_{nm} 称为克罗内克符号,当 $n=m$ 时 $\delta_{nm}=1$;当 $n \neq m$ 时 $\delta_{nm}=0$.

以上证明不适用于简并情形. 对于简并情形对应于一个本征值可以有多个线性无关的本征函数,它们不一定正交,然而可以通过特殊的方法使这些本征函数正交归一化.

(4) 描述力学量的厄米算符的本征函数系构成完备系

完备的意思是任何一个满足适当条件的态函数可以按厄米算符

的本征函数系展开,

$$\psi = \sum c_n \psi_n, \tag{3.79}$$

式中 c_n 是本征函数 ψ_n 的展开系数,否则若某一力学量的本征函数系不构成完备系,则系统的态函数不能按此函数系展开,这一力学量也不能是可观测的力学量.

量子力学中的力学量必须是线性厄米算符,其线性是叠加原理的要求,其厄米性则是实际测量力学量所得的量值必定是实数而且本征函数系构成完备系的结果.

● **算符的对易关系**

算符与普通数量的一个重要区别是在乘法运算中普通数量遵从交换律,而算符不遵从交换律.也就是说算符在乘法运算中的先后顺序不能随便颠倒.设 $\hat{F}, \hat{G}$ 是两个算符,一般地 $\hat{F}\hat{G} \neq \hat{G}\hat{F}$. 通常用

$$[\hat{F}, \hat{G}] = \hat{F}\hat{G} - \hat{G}\hat{F} \tag{3.80}$$

来表征算符之间的对易关系. $[\hat{F}, \hat{G}]$ 称为对易子,利用对易子可以把力学量之间的关系分为两类. 一类是 $[\hat{F}, \hat{G}] \neq 0$, 算符 $\hat{F}$ 和 $\hat{G}$ 不对易,例如坐标算符 $\hat{x}$ 和动量算符 $\hat{p}_x = -i\hbar \frac{\partial}{\partial x}$,

$$\hat{x}\hat{p}_x \psi = -i\hbar x \frac{\partial \psi}{\partial x},$$

$$\hat{p}_x \hat{x} \psi = -i\hbar \frac{\partial}{\partial x}(x\psi) = -i\hbar \psi - i\hbar x \frac{\partial \psi}{\partial x},$$

可见, $\hat{x}\hat{p}_x \neq \hat{p}_x \hat{x}$, 有

$$[\hat{x}, \hat{p}_x] = i\hbar. \tag{3.81}$$

同样地考虑可得到

$$[\hat{y}, \hat{p}_y] = i\hbar, \quad [\hat{z}, \hat{p}_z] = i\hbar. \tag{3.82}$$

另一类是 $[\hat{F}, \hat{G}] = 0$, 算符 $\hat{F}$ 和 $\hat{G}$ 是对易的,例如 $[\hat{p}_x, \hat{p}_y] = 0$, $[\hat{p}_y, \hat{p}_z] = 0$ 以及 $[\hat{x}, \hat{p}_y] = 0$, $[\hat{y}, \hat{p}_z] = 0$ 等等.

以上所述的坐标算符和动量算符的对易关系是最基本的对易关系. 由于许多力学量都是坐标和动量的某种函数,因此根据坐标和动量之间的对易关系,可以得出其他力学量之间的对易关系,例如,角动量算符 $\hat{L}_x, \hat{L}_y, \hat{L}_z$ 之间的对易关系为

$$[\hat{L}_x, \hat{L}_y] = \hat{L}_x\hat{L}_y - \hat{L}_y\hat{L}_x$$
$$= (\hat{y}\hat{p}_z - \hat{z}\hat{p}_y)(\hat{z}\hat{p}_x - \hat{x}\hat{p}_z) - (\hat{z}\hat{p}_x - \hat{x}\hat{p}_z)(\hat{y}\hat{p}_z - \hat{z}\hat{p}_y)$$
$$= \hat{p}_z\hat{z}\hat{y}\hat{p}_x + \hat{p}_z\hat{x}\hat{p}_y - \hat{z}\hat{p}_z\hat{y}\hat{p}_x - \hat{p}_z\hat{z}\hat{x}\hat{p}_y$$
$$= \hat{z}\hat{p}_z(\hat{x}\hat{p}_y - \hat{y}\hat{p}_x) - \hat{p}_z\hat{z}(\hat{x}\hat{p}_y - \hat{y}\hat{p}_x)$$
$$= (\hat{z}\hat{p}_z - \hat{p}_z\hat{z})(\hat{x}\hat{p}_y - \hat{y}\hat{p}_x) = \mathrm{i}\hbar L_z. \tag{3.83}$$

同理可得

$$[\hat{L}_y, \hat{L}_z] = \hat{L}_y\hat{L}_z - \hat{L}_z\hat{L}_y = \mathrm{i}\hbar \hat{L}_x, \tag{3.84}$$

$$[\hat{L}_z, \hat{L}_x] = \hat{L}_z\hat{L}_x - \hat{L}_x\hat{L}_z = \mathrm{i}\hbar \hat{L}_y. \tag{3.85}$$

(3.83)、(3.84)和(3.85)的三式可合写成一个矢量公式

$$\hat{\boldsymbol{L}} \times \hat{\boldsymbol{L}} = \mathrm{i}\hbar \hat{\boldsymbol{L}}. \tag{3.86}$$

这个式子表达了角动量算符的对易特征,可以看成是角动量算符的定义式。它比原来的角动量的经典定义式 $\boldsymbol{L} = \boldsymbol{r} \times \boldsymbol{p}$ 更普遍。后者只适用于轨道角动量情形,前者则包括了自旋角动量情形。可以证明

$$[\hat{L}_x, \hat{L}^2] = [\hat{L}_y, \hat{L}^2] = [\hat{L}_z, \hat{L}^2] = 0, \tag{3.87}$$

$$[\hat{L}^2, \hat{H}] = 0. \tag{3.88}$$

这说明角动量平方算符和角动量算符的每个分量都是对易的,角动量平方算符和哈密顿量算符是对易的。

当两个力学量算符是对易的,则它们有共同的本征态,并且它们可同时具有确定值,它们就是力学量算符在该本征态的本征值;而当两个力学量算符不对易时,它们不可能同时具有确定值,它们之间满足一定的不确定关系。这一不确定关系就是两个力学量算符不对易的表现。例如坐标和动量两个力学量算符不对易,它们之间有海森伯不确定关系(3.4)式。

- **力学量的测量值及其概率**

经典力学中一定的物理系统处于一定的状态,具有确定的量值,它是物理系统处于该态的标记。在量子力学中一定的物理系统处于任意的一个状态时,测量其力学量一般不具有确定值。那么测量力学量的结果有些什么特征?它与什么相关,让我们考虑量子力学中的测量过程。

当物理系统处于一力学量 $\hat{F}$ 的本征态 $\psi_n(x)$ 时,测量该力学量

$\hat{F}$ 时，得到的是该力学量本征态 $\psi_n(x)$ 所对应的本征值 λ_n，测量后系统仍处于该本征态 $\psi_n(x)$. 当系统处于一任意态 $\psi(x)$ 时，根据态叠加原理，物理系统的任意态可以按力学量 $\hat{F}$ 的本征函数展开，

$$\psi(x) = \sum c_n \psi_n(x), \quad (3.89)$$

式中 $\psi_n(x)$ 是力学量 $\hat{F}$ 的一个可能出现的本征态函数，c_n 是展开系数，它决定了在任意态 $\psi(x)$ 中出现本征态 $\psi_n(x)$ 的概率. 测量力学量 $\hat{F}$ 时，测量仪器与被测系统之间发生了某种相互作用，使系统的态发生改变塌缩到力学量 $\hat{F}$ 的一个本征态 $\psi_n(x)$，测到的就是力学量 $\hat{F}$ 在该本征态所对应的本征值 λ_n，测得 λ_n 的概率是 $|c_n|^2$. 另一次测量物理系统处于任意态 $\psi(x)$ 的力学量 $\hat{F}$ 时，测量仪器与被测系统之间的相互作用可能使系统塌缩到力学量 $\hat{F}$ 的另一个本征态 $\psi_{n'}(x)$，测到的力学量 $\hat{F}$ 的值就是本征态 $\psi_{n'}(x)$ 所对应的本征值 $\lambda_{n'}$，测得 $\lambda_{n'}$ 的概率则为 $|c_{n'}|^2$. 总之，测量一个物理系统的力学量 $\hat{F}$ 的可能值只可能是算符的本征值，本征值之外的数值是测不到的，而系统处于任意态 $\psi(x)$ 时，测量的平均值可由测量的可能值及其对应的概率计算出.

习 题

3.1 设电子动能为 1.00×10^4 eV，中子动能为 1.00×10^5 eV，试求相应的德布罗意波长. 忽略相对论效应.

3.2 已知电子和光子的波长均为 2.0 Å，它们的动量是多少？动能各是多少？

3.3 证明在戴维孙-革末实验的条件下不可能有与所测的一级极大值对应的二级和三级衍射峰. 如果要得到二级衍射峰，并使它出现在 $50°$ 处，需要用多大的加速电压？

3.4 试证明德布罗意波的群速度 v_g 等于粒子的速率，并证明德布罗意波的波包要扩散.

3.5 假定粒子的动量可在千分之一这一不确定范围内测定，求粒子位置的不确定量. 设

（1）粒子的质量为 5.0×10^{-3} kg，速度为 2.0 m/s.

（2）粒子是电子，速度为 1.8×10^8 m/s. 由于速度可与光速比

3.6 波长为 3000 Å 的光子,其波长的测量精度为十万分之一,测量其位置的绝对误差不能小于多少?

3.7 一个电子被禁闭在线度为 10 fm 的区域中,这正是原子核线度的数量级,试计算它的最小动能.

3.8 电子从某激发态跃迁到基态时发出波长为 4000 Å 的光谱线,由于激发能级有一定的宽度而使该谱线有 1.0×10^{-4} Å 的宽度,问该激发态能级的平均寿命是多少?

3.9 一个电子被禁闭在一个一维盒子内,盒宽 1.0×10^{-10} m,电子处于基态,能量为 38 eV,试计算

(1) 电子在第一激发态的能量;

(2) 当电子处在基态时盒壁所受的平均力.

3.10 能量为 1.0 eV 的电子入射到矩形势垒上,势垒高度为 2.0 eV,为使穿透概率为 10^{-3},求势垒宽度.

3.11 设质量为 m 的粒子在半壁无限高的一维方势阱中运动,此方势阱的表达式为

$$U(x) = \begin{cases} \infty, & x < 0, \\ 0, & 0 \leqslant x \leqslant a, \\ U_0, & x > a. \end{cases}$$

试证明其束缚态能级由方程

$$t_g\left(\frac{\sqrt{2mEa}}{\hbar}\right) = -\left(\frac{E}{U_0 - E}\right)^{1/2}$$

给出. 不进一步求解,大致画出基态波函数的形状.

3.12 粒子在一维势场中运动,其束缚定态波函数为

$$\psi(x) = \begin{cases} \sqrt{\dfrac{15}{16a^5}}(a^2 - x^2), & |x| \leqslant a, \\ 0, & |x| > a. \end{cases}$$

求粒子所处的势场 $U(x)$.

3.13 一维运动粒子处于本征态

$$\psi(x) = Ax e^{-\frac{a^2 x^2}{2}},$$

式中 α 为某一已知常量.求粒子所处的势场 $U(x)$.

3.14 题图示为粒子在三种势场中的概率密度 $|\psi(x)|^2$ 分布图.找出它们与谐振子势、有限深方势阱、无限深方势阱的对应关系,并说明理由.

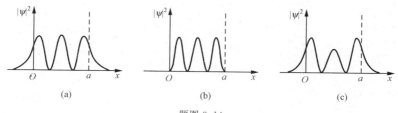

题图 3.14

3.15 电子的概率密度 $|\psi(x)|^2$ 分布图如题图所示.说出它们所对应的势能曲线是势垒、势阱,还是势阶?并说出粒子的能量 E 与势垒高度(或势阱深度、势阶高度)U_0 的大小关系.最后,进一步给出 E 和 U_0 大小关系与上述相反时的概率密度分布的示意图.

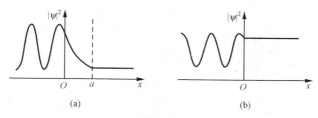

题图 3.15

3.16 一维谐振子的基态波函数为

$$\psi(x) = \sqrt{\frac{\alpha}{\pi^{1/2}}} e^{-\frac{1}{2}\alpha^2 x^2},$$

式中 $\alpha = \sqrt{\dfrac{m\omega}{\hbar}}$.求谐振子处于该态时势能的平均值和动能的平均值.

3.17 已知氢原子中电子处于基态的波函数为

$$\psi(r,\theta,\varphi) = \frac{1}{\sqrt{\pi a_0^3}} e^{-\frac{r}{a_0}},$$

式中 a_0 为玻尔半径.求

(1) r 的平均值.

(2) 势能 $-\dfrac{1}{4\pi\varepsilon_0}\dfrac{e^2}{r}$ 的平均值.

3.18 证明下列对易关系

$$[\hat{x},\hat{L}_x] = 0,$$
$$[\hat{x},\hat{L}_y] = i\hbar\hat{z},$$
$$[\hat{p}_x,\hat{L}_x] = 0,$$
$$[\hat{p}_x,\hat{L}_y] = i\hbar\hat{p}_z.$$

4 原子和分子

4.1 概述
4.2 氢原子的量子力学结果
4.3 电子自旋和泡利原理
4.4 元素周期律和原子的电子壳层结构
4.5 多电子原子的能级结构和光谱
4.6 激光原理
4.7 分子的能级和分子光谱
4.8 分子键联

4.1 概 述

研究原子的结构、运动规律及相互作用的物理学分支称为原子物理.原子物理是人类深入微观研究领域的第一层次.原来研究宏观世界的物理学是经典物理,它在说明宏观物体的运动、物质的热性质及物态的变化、带电粒子的相互作用以及光的传播等方面,起着很好的作用,是我们认识宏观物理现象的基础.然而物质世界还有一些显著的特征是经典物理无法理解和解释的.例如原子的稳定性和同一性,这已在 2.4 节中阐述过了.再例如按照经典统计物理,所有微粒的可能运动都参与热运动,每个微粒在每个自由度上贡献的平均热运动动能为 $\frac{1}{2}kT$,它们都应对物质的比热容作出贡献.而物质是由分子组成,分子由原子组成,原子由原子核和电子组成,原子核由质子和中子组成……如此追溯下去,不可避免地导致物质的比热容应是极其巨大的,然而实际上并非如此,这就是著名的玻尔兹曼佯谬.

随着原子现象的深入研究,量子力学发展起来,物质世界的这些特征变成可以理解的事情.

量子物理揭示出物质世界可区分一些层次,如原子分子层次、原子核层次、粒子层次等.不同层次具有不同的能量台阶,这取决于系统的尺度以及粒子的质量.原子分子层次的能量台阶为几 eV 量级,这可以由不确定关系加以估算.原子分子系统的尺度是 $r = 0.1$ nm,根据不确定关系,电子限制在此尺度范围内的动量不确定度为
$\Delta p \sim \dfrac{\hbar}{r}$,动量的大小 $p \sim \Delta p$,因此电子的动能为

$$E_k = \frac{1}{2m}p^2 \sim \frac{\hbar^2}{2mr^2} = \frac{(1.06 \times 10^{-34})^2}{2 \times 9.1 \times 10^{-31} \times 10^{-20}} \text{eV} \approx 4 \text{ eV}.$$

当外界干扰的能量小于此能量台阶时,原子就是一个不可分割的整体,原子保持其量子态的特性,具有很强的同一性和稳定性.而外界输入的能量超过此能量台阶,原子将瓦解为原子核和电子,从而带有经典的连续的特征,它们可以参与能量的交换.因此,上述玻尔兹曼佯谬能够得到很好的说明,在研究原子能量范围内的一些现象时,我们不需要考虑原子分裂为原子核和电子,也不需要考虑原子核的内部结构,物质的更精细的结构不参与能量交换.

本章将讨论原子分子层次的若干问题.

4.2 氢原子的量子力学结果

氢原子是最简单的原子系统,原子核中只有一个质子,带一个单位的正电荷,核外只有一个电子,带一个单位的负电荷.量子力学可以严格解出氢原子结果.从这些结果中可以看出量子力学与玻尔的前期量子论有一些相同的结果,也有一些重要的区别,这对于进一步认识微观世界的一些特征具有积极意义.

氢原子中电子在核电场中运动,其电势能为

$$U = -\frac{1}{4\pi\varepsilon_0}\frac{e^2}{r}, \tag{4.1}$$

此势能不显含时间,因此只需解定态薛定谔方程

$$-\frac{\hbar^2}{2m_e}\nabla^2\psi - \frac{1}{4\pi\varepsilon_0}\frac{e^2}{r}\psi = E\psi, \tag{4.2}$$

这是一个三维薛定谔方程,由于电子势能只是 r 的函数,具有球对称性,故采用球极坐标比较方便.在这种情形下,定态波函数可以表

示为
$$\psi(r,\theta,\varphi) = R(r)Y(\theta,\varphi) = R(r)\Theta(\theta)\Phi(\varphi), \qquad (4.3)$$
并且可以分离变量,将方程(4.2)式最终分离为三个方程

$$\begin{cases} \dfrac{\mathrm{d}^2\Phi}{\mathrm{d}\varphi^2} + m^2\Phi = 0, & (4.4) \\[6pt] \dfrac{1}{\sin\theta}\dfrac{\mathrm{d}}{\mathrm{d}\theta}\left(\sin\theta\dfrac{\mathrm{d}\Theta}{\mathrm{d}\theta}\right) + \left(\lambda - \dfrac{m^2}{\sin^2\theta}\right)\Theta = 0, & (4.5) \\[6pt] \dfrac{1}{r^2}\dfrac{\mathrm{d}}{\mathrm{d}r}\left(r^2\dfrac{\mathrm{d}R}{\mathrm{d}r}\right) + \left[\dfrac{2m_e}{\hbar^2}\left(E + \dfrac{e^2}{4\pi\varepsilon_0 r}\right) - \dfrac{\lambda}{r^2}\right]R = 0, & (4.6) \end{cases}$$

式中 m,λ 是常数.这里除了(4.4)式容易求解之外,(4.5)式,(4.6)式都需要特殊的解法,这不是本课程的任务,下面仅给出解的结果.这些结果有些是同前期量子论的结果相同,也与实验结果符合一致,这显然是令人满意的;有些与前期量子论的结果不同,但它们不仅与实验事实符合一致,而且显示量子力学结果在理论上的逻辑一致性,这正说明前期量子论的不足.

(1) 在能量 $E<0$ 的情形下,可解出方程(4.4)~(4.6)具有符合标准条件(单值、有限、连续)的非零解,由此得到三个量子数:

主量子数 n. n 的取值为正整数,$n=1,2,3,\cdots$,它决定氢原子系统的能量

$$E_n = -\frac{m_e e^4}{2(4\pi\varepsilon_0)^2 \hbar^2}\frac{1}{n^2}, \qquad (4.7)$$

此与玻尔前期量子论的结果(2.30)式相同,这说明氢原子束缚态的能量是量子化的.

角量子数 l. l 的取值是对于一个 n 值,$l=0,1,2,\cdots,n-1$,共 n 个值,而 $\lambda=l(l+1)$,它决定了氢原子系统的角动量

$$L = \sqrt{l(l+1)}\,\hbar, \qquad (4.8)$$

这说明氢原子束缚态的角动量也是量子化的.

磁量子数 m. m 的取值是对于一个 l 值,$m=l,l-1,\cdots,0,\cdots,-l$,共 $2l+1$ 个值,它决定了氢原子系统的角动量的 z 分量

$$L_z = m\hbar, \qquad (4.9)$$

这表示当存在外磁场且外磁场沿 z 方向时,角动量的空间取向不是

任意的,而是量子化的,角动量的 z 分量只能取这 $2l+1$ 个值.

这三个量子数 n,l,m 表征着氢原子的状态,不同的量子数对应不同的状态.

由于系统的能量仅由主量子数 n 决定,与角量子数 l 和磁量子数 m 无关.这表明对应于某一个能级 E_n,可以有许多不同的氢原子状态,也就是说氢原子的能级是**简并**的.一个能级 E_n 对应的状态数为

$$\sum_{l=0}^{n-1}(2l+1)=n^2,$$

一般就说氢原子能级的简并度为 n^2.

(2) 注意角动量的表示式(4.8)式与角动量的 z 分量的表示式(4.9)式,可见到角动量的分量总比它本身的数值要小,这意味着角动量矢量不可能恰好指向外磁场方向(或外磁场相反方向).这一点却是与不确定关系一致的.由于角动量分量与相应的角坐标也有不确定关系,$\Delta L_x \Delta \varphi_x \geqslant h$,$\Delta L_y \Delta \varphi_y \geqslant h$,$\Delta L_z \Delta \varphi_z \geqslant h$,式中 ΔL_x,ΔL_y,ΔL_z 分别为角动量的 x,y,z 分量的不确定度,$\Delta \varphi_x$,$\Delta \varphi_y$,$\Delta \varphi_z$ 分别为相应的 x,y,z 轴的角度不确定度.如果角动量沿外磁场方向,这自然意味着角动量的其他两个分量等于零,于是角动量的三个分量都具有确定值,因此按照不确定关系,与其相对应的三个角坐标则完全不能确定,也就是说电子的分布应是分别绕 x,y,z 三个轴柱对称的,这只有当电子分布是球对称时才有可能,而这与存在一个特定的角动量方向是不相容的.因此(4.8)式是量子力学所特有的一个结果.

(3) 量子数 n,l,m 还确定了氢原子状态的定态波函数,

$$\psi_{nlm}(r,\theta,\varphi)=R_{nl}(r)Y_{lm}(\theta,\varphi)=R_{nl}(r)\Theta_{lm}(\theta)\Phi_m(\varphi),$$

式中 $R_{nl}(r)$ 称为径向波函数,由 n 和 l 确定,$Y_{lm}(\theta,\varphi)=\Theta_{lm}(\theta)\Phi_m(\varphi)$ 为角向部分波函数,$\Theta_{lm}(\theta)$ 由 l 和 m 确定.这些函数的具体形式可以在有关的书籍中查到.图 4-1 给出前几个径向波函数 $R_{nl}(r)$ 的图线,图 4-2 给出前几个 $\Theta_{lm}(\theta)$ 的图线.图 4-3 是由此计算的 $4\pi r^2 R^2$-r 图线,它表示电子概率密度随 r 的分布,从图中可以看出电子并不是分布在轨道上,而是具有一定的分布,是弥散开来的,分布在核的周围,通常形象地称之为"电子云";图 4-4 给出 Θ^2-θ 图线,它给出电子概率密度随角度 θ 的分布.

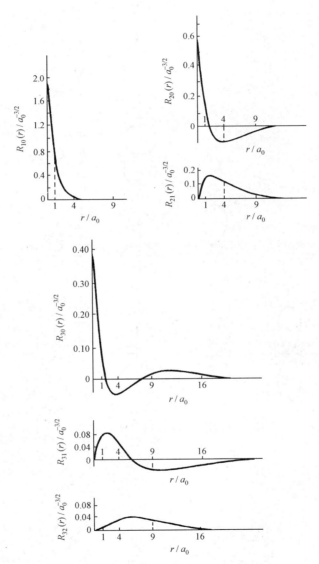

图 4-1　氢原子不同定态电子径向波函数

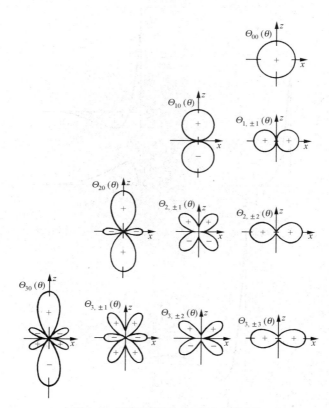

图 4-2 氢原子不同定态电子角向波函数

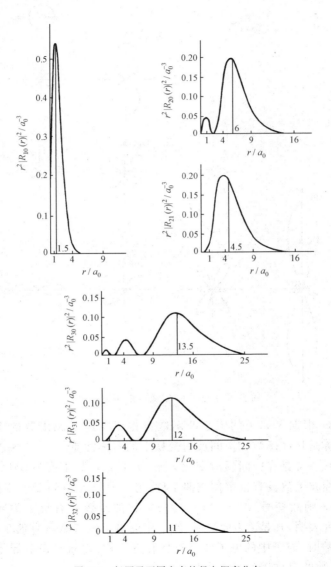

图 4-3　氢原子不同定态的径向概率分布

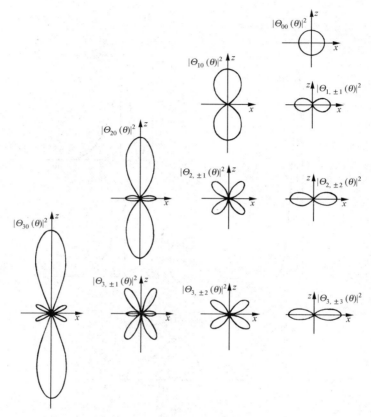

图 4-4 氢原子不同定态的角度概率分布

(4) 根据氢原子的定态波函数可得出氢原子波函数的宇称性质. 宇称是指波函数在空间反射变换下的对称性质. 宇称有两种不同的情形. 一种是在空间反射变换 $r \to -r$ 下波函数不变号, $\psi(-r) = \psi(r)$, 称波函数具有正宇称或偶宇称; 另一种是在空间反射变换 $r \to -r$ 下波函数变号, $\psi(-r) = -\psi(r)$, 称波函数具有负宇称或奇宇称. 研究表明, 凡是 l 为偶数时, 原子中的电子波函数具有偶宇称; 而 l 为奇数时, 原子中的电子波函数具有奇宇称, 也就是说氢原子单电子波函数的宇称用 $(-1)^l$ 表示.

4.3 电子自旋和泡利原理

- 电子自旋
- 施特恩-格拉赫实验
- 自旋-轨道耦合及其相互作用
- 泡利原理

● **电子自旋**

到 20 世纪 20 年代,积累了大量光谱实验的新资料.例如碱金属原子光谱具有精细结构,人们最熟悉的钠黄光是由两条靠得较近的谱线 5890 Å 和 5896 Å 组成的,其他碱金属原子光谱的每一条谱线都是由靠得很近的两条谱线或三条谱线组成的;再例如在不太强的磁场中,有一些原子光谱发生正常的三分裂现象,称为正常塞曼效应,而另一些原子光谱发生复杂的分裂现象,称为反常塞曼效应.

这些光谱线的分裂现象,表明原子的能级存在精细的分裂,说明原子中必定存在一种原先未曾考虑到的相互作用. 1925 年乌伦贝克 (G. E. Uhlenbeck) 和古兹密特 (S. A. Goudsmit) 类比行星的运动,提出电子自旋概念,认为电子除了绕核运动之外,还存在自旋运动;由于电子带电,因而电子自旋有自旋磁矩;这一自旋磁矩与电子的轨道运动磁矩的相互作用造成原子能级的分裂;这一自旋磁矩附加在原子磁矩上,在磁场中造成光谱线的复杂分裂.乌伦贝克和古兹密特根据光谱资料的分析,推测电子自旋角量子数 $s=1/2$.

原先乌伦贝克和古兹密特提出的电子自旋概念免不了带有机械的性质.需要指出,电子的自旋是微观粒子的一种内禀运动,不能作机械的理解.如果把电子的自旋看成一个均匀带电球绕中心轴的旋转,估算电子表面的速度将远大于光速 c. 这是违背相对论的.

电子自旋及内禀磁矩在施特恩-格拉赫实验中得到直接证实.

● **施特恩-格拉赫实验**

早在 1916 年,索末菲 (A. Sommerfeld) 在玻尔氢原子理论的基础上提出角动量空间取向量子化,它能够说明原子在外电场和外磁场中的行为引起的一些现象.然而一直没有人用实验有力地说明空间量子化的存在,有不少物理学家仍然怀疑它的物理真实性.1922年施特恩(O. Stern)和格拉赫(W. Gerlach)完成了一个重要实验,其目的就是为了证实电子绕核运动角动量的空间取向量子化,它亦为电子自旋提供了确凿的证据.

电子绕核运动具有一定的磁矩 μ. 设想原子处于沿 z 方向的非均匀磁场中,根据电磁学的原理,原子磁矩除了受到力的作用外,还受到力矩的作用,力矩的作用使原子磁矩绕外磁场方向回旋进动,而所受的力等于

$$f = \mu \left(\frac{\partial B}{\partial z} \right) \cos \beta,$$

式中 $\partial B/\partial z$ 是沿磁场方向磁感应强度的变化梯度, β 是磁矩与磁场方向的夹角. 如果 $\partial B/\partial z$ 为正,即磁场沿 z 方向增强,当 $\beta < 90°$ 时,力 f 沿磁场方向;当 $\beta > 90°$,力 f 与磁场方向相反.力的大小与磁矩相对磁场的方向(即 β 角)有关.

实验使原子在垂直磁场的方向(如 x 方向)穿越磁场的距离 L,穿越磁场的时间为 t,于是原子在 z 方向偏离的距离为

$$s = \frac{1}{2} at^2 = \frac{1}{2} \frac{f}{m} \left(\frac{L}{v} \right)^2 = \frac{1}{2m} \frac{\partial B}{\partial z} \left(\frac{L}{v} \right)^2 \mu \cos \beta,$$

v 为原子的速率.如果电子绕核运动角动量的空间取向是无规则的,磁矩与磁场的夹角 β 可取任意值,因而很细的原子束经过磁场之后,得到的是弥漫的束斑;如果角动量的空间取向是量子化的, β 取离散值,很细的原子束经过磁场之后,束斑将分裂.因此实验可在两种情形中作出鉴别.

施特恩-格拉赫实验装置如图 4-5 所示. O 处是一原子炉,产生高温的原子.实验原来用的是银原子, S_1, S_2 是两个具有狭缝的挡板,一对特殊形状的磁极用来产生非均匀磁场,磁场为竖直方向. P 为接收原子束的玻璃板.狭缝 S_1, S_2 准直,使很细的原子束平行于磁铁的极刃.整个实验装置都维持高真空.仪器装置保证狭缝、磁极、玻璃板之间不会有相对运动.狭缝很细,在玻璃板上沉积的原子很慢,实验需连续工作 8 个小时.

实验结果确实得到沉积在玻璃板上的银原子不是弥漫的,而是

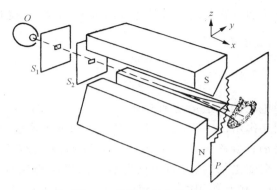

图 4-5 斯特恩-格拉赫实验

明显地分裂为两条,证实了角动量空间取向量子化,后人做过其他元素原子束实验,也都证实了角动量空间取向量子化.

然而,银原子分裂为两条仍存在很大的疑惑,因为一般原子中电子绕核运动的角动量量子数 l 均为整数,角动量空间量子化的数目为奇数 $2l+1$,因此束斑应分裂为奇数条;特别是银原子,内层电子形成稳固的结构,最外层一个电子绕核运动的 $l=0$,因而其绕核运动角动量为零,磁矩亦为零,束斑应不会分裂. 这表明银原子束在非均匀磁场中的分裂必定来自绕核运动以外的其他原因.

施特恩-格拉赫实验为电子自旋角动量量子数 s 的取值直接提供了证据. 根据束斑分裂的数目 $2s+1=2$,由此得 $s=1/2$. 根据束斑分裂的间距可推知自旋磁矩的大小为 $\mu_s = \dfrac{e}{m} S$,式中 S 为自旋角动量.

- **自旋-轨道耦合及其相互作用**

原子中电子具有轨道运动和自旋运动两个角动量 L 和 S,它们的耦合用 J 表示,$J=L+S$. 量子力学可普遍证明,任意两个独立的角动量的耦合也是一个角动量,满足角动量算符的对易关系,其大小(本征值)可写成 $J=\sqrt{j(j+1)}\hbar$,式中 j 为总角动量量子数,j 的取值是量子化的,它与两个相耦合的角动量量子数 l_1, l_2 的关系为

$$j = l_1 + l_2, l_1 + l_2 - 1, \cdots, |l_1 - l_2|. \tag{4.10}$$

对于一个电子的自旋角动量和轨道角动量的耦合,自旋量子数 $s=\frac{1}{2}$,因此 j 的取值为

$$j = l + \frac{1}{2}, l - \frac{1}{2}. \tag{4.11}$$

原子中电子的轨道运动和自旋运动都产生磁的效果,它们之间存在磁的相互作用,这一相互作用能可通过如下图像加以计算[①],电子绕核运动的自旋磁矩在核处产生一随时间周期性变化的矢量势,从而激发一交变电场.核电荷在此电场中的势能构成自旋-轨道相互作用能.这一相互作用能叠加到电子的总能量上造成原子能级的劈裂,使原子光谱具有精细结构.劈裂的两个能级的裂距大小与精细结构常量的平方成正比,因此精细劈裂比能级粗结构要小得多.随着量子数 n 和 l 增大,能级的精细劈裂迅速减小.

- **泡利原理**

1924 年泡利(W. Pauli)在分析光谱资料时提出一个重要的原理,人们称之为**泡利不相容原理**,其内容是:**在一个原子中不可能有两个或两个以上的电子处于完全相同的量子状态**,也就是说,在一个原子内部不可能有两个或两个以上的电子具有完全相同的四个量子数 n, l, m, m_s.

需要指出,泡利原理是微观粒子属性的一条重要的基本原理.微观粒子都具有内禀自由度自旋,有的粒子的自旋是半整数,如电子、质子、中子,等等,它们称为**费米子**;有的粒子的自旋是零或整数,如光子、介子,等等,它们称为**玻色子**.凡是自旋为半整数的费米子都遵从泡利不相容原理,而凡是玻色子都不遵从泡利原理.至于为什么费米子遵从泡利原理而玻色子不遵从泡利原理,至今仍然是一个谜.

泡利原理的重要性在于物质世界整个结构是由它所支配的,如果不存在泡利原理,整个宇宙将是非常不同的样子.我们可以举几个例子加以说明.

---

① 参见杨桂林,《大学物理》,1987 年,第 6 期.

金属中电子对固体的比热容没有贡献问题.实验表明,许多金属的摩尔热容量均接近于 $3R\approx 25\text{ J}\cdot\text{mol}^{-1}\cdot\text{K}^{-1}$,此称为杜隆-珀蒂定律.它与仅仅考虑晶体点阵格点的振动参与热交换的结果是一致的.换句话说,尽管金属中有很多电子,但是它们不参与热运动能量的交换,对金属的比热容没有贡献.为什么金属中的电子对金属的比热容没有贡献?这是由泡利不相容原理决定的.金属中的自由电子的能量形成能带结构(见 5.2 节),它是由一些彼此靠得很近的能级组成,总的能带宽度为 1 eV 量级.由于泡利不相容原理,每个能级只能容纳自旋方向相反的两个电子,因此低层的能级都被电子占满.要使低层电子激发到上面空的能级,则需要获得几 eV 的能量,这相当于 $10^4 \sim 10^5$ K 的温度.通常涉及的热运动的温度只有 $10^2 \sim 10^3$ K,因此低层的多数电子不能参与热交换,能够参与热交换的只有顶层少量的电子,它们对比热容的贡献自然是非常小的.

恒星演化的结局问题.恒星形成之后,在自引力作用下收缩,产生高温,可引起内部热核反应.恒星稳定地燃烧核燃料时,靠着热核反应产生的辐射和热压力,同它自身的引力相抗衡来维持平衡.核燃料燃烧完之后,恒星在自引力作用下再度收缩,演化的结局如何?当星体收缩到一定程度,密度升高时,会出现一种叫做电子简并压的压力,只要恒星的质量在大约 1.4 倍太阳质量以下,这种压力就能成功地抵抗恒星的自引力,使星体处于一种新的平衡状态,如此形成的天体就是白矮星.

电子简并压来源于两条量子力学原理,一条是泡利不相容原理,在一个系统中不可能有两个或两个以上的电子处于完全相同的状态;另一条是不确定关系,当电子处于某个状态时,它的位置确定得越准确,则其动量值变化的范围就越大.在恒星晚期达到的高密度下,由于泡利不相容原理,电子不可能被压挤在相同的状态,但由于体积很小,因而每个电子分配到的空间就更小,也就是位置定得较准确,于是根据不确定关系,电子的平均动量就变得很大,因而动能也就很大,好像气体中分子动能越大,则其压力也越高一样,这就是电子简并压的来源.

白矮星是恒星演化的归宿之一,其密度高达 $10^8 \sim 10^{10}$ kg/m³,

典型的白矮星是天狼星的伴星.目前已观测到并确认的白矮星有千余颗;由于它的光度很弱,不容易观察到,估计其数目相当多.随着它的余热逐渐消失,表面的温度降低,慢慢成为红矮星、黑矮星.

当恒星质量比太阳质量大很多时,自引力更为强大,电子简并压不足以与之抗衡,恒星会继续收缩,以致电子被压缩到原子核内与质子结合为中子,电子简并压消失,在很短时间内,星体急剧收缩,坍缩的巨大动能使星体内部达到几百亿度高温,释放出大量能量,引起超新星爆发,把外壳炸开,发出强烈的辐射.超新星爆发时的高温高密度为合成比铁更重的元素创造了条件,这是宇宙中存在重元素的来源.爆发抛出的星壳就是今天所见到的膨胀星云.星体的残存质量小于1.4倍太阳质量时,它仍形成白矮星.残存质量大于1.4倍太阳质量而小于2倍太阳质量时,星体中心部分坍缩形成中子星,强大的自引力被一种新的中子简并压所抗衡.中子简并压是中子受到泡利不相容原理的限制而产生的压力.我国宋史记载的"客星"就是这样一次超新星爆发,它发生在1054年,如今演化为蟹状星云,其中心部分有一颗中子星.中子星的密度非常大,可达10^{18} kg/m^3,与原子核的密度相近,中子星的半径只有10 km量级.中子星是恒星演化的另一种归宿.自1967年发现中子星以来,已发现和证认几百颗中子星.残存质量更大的星体将无限制地收缩,最后成为黑洞.

除了上面所举的两个例子之外,其他如自由中子是不稳定的,平均寿命约为16分钟,然而稳定元素原子核中的中子却是稳定的;再如原子核结构问题以及夸克色自由度的引入,等等,都与泡利不相容原理有关.下面即将着重分析的原子的电子壳层结构,泡利不相容原理在其中也起着重要作用.

4.4 元素周期律和原子的电子壳层结构

- 元素周期律
- 原子中电子运动状态的描述及可能的状态数
- 泡利原理和能量最低原理
- 原子的电子壳层结构

4.4 元素周期律和原子的电子壳层结构

- **元素周期律**

1869 年门捷列夫（Д. И. Менделеев）把元素按原子量大小顺序排列起来，它们的一些物理、化学性质呈显出周期性的变化．门捷列夫把它们排列成一张周期表．在门捷列夫年代，已知的元素只有 63 种，他根据周期表预言了表上缺位的元素及其性质．以后果然如他所料，化学家相继发现了这些元素．门捷列夫的伟大发现遂为世人所公认，赢得了崇高的信誉．

进一步的研究表明，完全按原子量大小的顺序，还不能构成一个完善的系统，有少数几处元素的次序必须倒过来才合适．经过这样调整之后，按排列的次序，每个元素有一个原子序数 Z．到 20 世纪初随着新元素的发现，光谱分析更精细化，以及原子量测量的改进，门捷列夫原来的周期表被进一步扩充、修正和改善．元素的周期律的发现是化学史上的一件大事，具有重大的科学价值．它不仅改变了过去化学家们只是孤立地研究元素及其化合物的状况，从而注意到元素的化学性质之间所具有的复杂的内在联系，而且周期律逐渐成为大部分化学理论的基本骨架．然而周期律的本质究竟是什么还不清楚，隐藏在周期律背后的奥秘几乎和以前一样深不可测，元素排列为什么具有周期性？这个困扰人们许久的问题终于被物理学家们解决了，原来元素排列的周期性是原子内部电子的周期性排列的结果．

- **原子中电子运动状态的描述及可能的状态数**

考虑到电子具有自旋，原子中电子运动状态用量子数 n, l, m, m_s 来描述．主量子数 n 决定了电子运动区域的大小和电子总能量的主要部分；角量子数 l 决定了电子绕核运动的角动量；磁量子数 m 决定了电子绕核运动角动量空间取向；电子自旋量子数 $s=1/2$，它是一个固定的值，自旋磁量子数 m_s 只有两个取值 $+1/2$ 和 $-1/2$，它决定了自旋角动量在空间的取向．

由于不同主量子数 n 的电子活动的范围存在较大的差别，可以将电子按主量子数 n 的不同，分成一些壳层，具有相同主量子数 n 的电子处于同一壳层．在一个壳层中，对不同角量子数 l 又可分为几个不同的支壳层,同一支壳层的电子的量子数 n 和 l 相同.对应于不同的角量子数 $l=0,1,2,3,\cdots$ 习惯上分别用符号 s,p,d,f,g,$\cdots$ 标记.例如 3p 电子的主量子数 $n=3$,角量子数 $l=1$.原子中处于不同壳层,即不同轨道(用 n,l 表示)的电子的组合称为原子的电子组态.例如钠(Na,$Z=11$)原子处于基态的电子组态是 $1s^22s^22p^63s^1$.原子的电子组态揭示了原子中电子的排布情况.

根据前述量子数的取值规则可以得出,考虑了自旋之后,在一个支壳层中,n,l 相同,电子可能具有不同的状态数为 $2(2l+1)$;在一个壳层中,n 值相同,电子可能具有的不同状态的数目为

$$\sum_{l=0}^{n-1} 2(2l+1) = 2[1+3+\cdots+(2n-1)] = 2n^2. \quad (4.12)$$

需要说明,上述电子运动状态用 n,l,m,m_s 四个量子数来描写,意味着这些电子的绕核运动和自旋是完全单独在起作用,也就是说忽略了电子的自旋和绕核运动之间的相互作用,这其实也是原子处于很强磁场中的情形.在很强磁场的作用下,各个电子的自旋和绕核运动之间的相互作用完全解脱,各个电子的绕核运动和自旋单独与外磁场相互作用.然而在不存在外磁场的情形,电子的自旋与绕核运动之间存在耦合,形成总角动量 J.这时描述电子运动状态不再是上述四个量子数,而是 n,l,j,m_j 四个量子数.量子数 j 的取值为 $j=l+\frac{1}{2},\left|l-\frac{1}{2}\right|$;$m_j$ 的取值为 $m_j=j,j-1,\cdots,-j$,共 $2j+1$ 个,它代表电子的总角动量在空间的取向.根据这一套描述电子态的量子数的取值,可以求出同一支壳层和同一壳层中可能具有的不同电子态的数目,与前述的结果相同,也就是说,磁场的强弱或存在与否,并不影响支壳层或壳层中可能的不同状态数.

- **泡利原理和能量最低原理**

决定原子周期性排列的顺序是泡利不相容原理和能量最低原理,它们也是决定原子中电子组态的基本原理.

(1) 泡利不相容原理

原子系统中不可能有两个或两个以上的电子处于完全相同的量

子态,也就是说,不可能有两个或两个以上的电子具有完全相同的 n,l,m,m_s 四个量子数,因此前述电子支壳层和壳层中可能具有的状态数也就是支壳层和壳层中可能容纳的电子数. 表 4.1 给出各壳层和各支壳层可能容纳的电子数.

表 4.1 各壳层和各支壳层可容纳的电子数

壳 层 n	1	2		3			4				5					6					
支壳层 l	0	0	1	0	1	2	0	1	2	3	0	1	2	3	4	0	1	2	3	4	5
电子态	1s	2s	2p	3s	3p	3d	4s	4p	4d	4f	5s	5p	5d	5f	5g	6s	6p	6d	6f	6g	6h
支壳层可容纳电子数 $2(2l+1)$	2	2	6	2	6	10	2	6	10	14	2	6	10	14	18	2	6	10	14	18	22
壳层可容纳电子数 $2n^2$	2	8		18			32				50					72					

(2) 能量最低原理

电子按各态能量的大小由小到大依次填充. 各态能量大小的顺序是一个颇为复杂的问题,它不仅取决于主量子数 n,还与角量子数 l 有关. 根据大量原子光谱资料总结出来的经验规律是各态能量大小取决于 $n+0.7l$ 值的大小. 以此可排列出各支壳层能量由小到大的顺序为

$$1s\ 2s\ 2p\ 3s\ 3p\ 4s\ 3d\ 4p\ 5s\ 4d\ 5p\ 6s\ 4f\ 5d\ 6p\ 7s\ 5f\ 6d\ \cdots \tag{4.13}$$

如果不存在泡利不相容原理,原子中的所有电子全部都将处在最内层的壳层中,那么这个原子就不会有外层电子,也就不会有元素周期律,原子也就不会与其他原子结合成现在我们所知的各种分子,宇宙中也就不会有我们现在这样的生命.

• **原子的电子壳层结构**

根据泡利不相容原理和能量最低原理,可得出电子填充各壳层和各支壳层的顺序. 表 4.2 给出各元素原子基态的电子组态,其电子排布的周期性与上述按能量最低原理的电子排布顺序(4.13)式基本相符.

表 4.2　各元素原子基态电子组态

原子序数	元素		电子组态	原子序数	元素		电子组态
1	氢	H	1s	38	锶	Sr	[Kr]$(5s)^2$
2	氦	He	$(1s)^2$	39	钇	Y	[Kr]$(5s)^2$4d
3	锂	Li	[He]2s	40	锆	Zr	[Kr]$(5s)^2(4d)^2$
4	铍	Be	[He]$(2s)^2$	41	铌	Nb	[Kr]$5s(4d)^4$
5	硼	B	[He]$(2s)^2$2p	42	钼	Mo	[Kr]$5s(4d)^5$
6	碳	C	[He]$(2s)^2(2p)^2$	43	锝	Tc	[Kr]$(5s)^2(4d)^5$
7	氮	N	[He]$(2s)^2(2p)^3$	44	钌	Rn	[Kr]$5s(4d)^7$
8	氧	O	[He]$(2s)^2(2p)^4$	45	铑	Rh	[Kr]$5s(4d)^8$
9	氟	F	[He]$(2s)^2(2p)^5$	46	钯	Pd	[Kr]$(4d)^{10}$
10	氖	Ne	[He]$(2s)^2(2p)^6$	47	银	Ag	[Kr]$5s(4d)^{10}$
11	钠	Na	[Ne]3s	48	镉	Cd	[Kr]$(5s)^2(4d)^{10}$
12	镁	Mg	[Ne]$(3s)^2$	49	铟	In	[Kr]$(5s)^2(4d)^{10}$5p
13	铝	Al	[Ne]$(3s)^2$3p	50	锡	Sn	[Kr]$(5s)^2(4d)^{10}(5p)^2$
14	硅	Si	[Ne]$(3s)^2(3p)^2$	51	锑	Sb	[Kr]$(5s)^2(4d)^{10}(5p)^3$
15	磷	P	[Ne]$(3s)^2(3p)^3$	52	碲	Te	[Kr]$(5s)^2(4d)^{10}(5p)^4$
16	硫	S	[Ne]$(3s)^2(3p)^4$	53	碘	I	[Kr]$(5s)^2(4d)^{10}(5p)^5$
17	氯	Cl	[Ne]$(3s)^2(3p)^5$	54	氙	Xe	[Kr]$(5s)^2(4d)^{10}(5p)^6$
18	氩	Ar	[Ne]$(3s)^2(3p)^6$	55	铯	Cs	[Xe]6s
19	钾	K	[Ar]4s	56	钡	Ba	[Xe]$(6s)^2$
20	钙	Ca	[Ar]$(4s)^2$	57	镧	La	[Xe]$(6s)^2$5d
21	钪	Sc	[Ar]$(4s)^2$3d	58	铈	Ce	[Xe]$(6s)^2$4f5d
22	钛	Ti	[Ar]$(4s)^2(3d)^2$	59	镨	Pr	[Xe]$(6s)^2(4f)^3$
23	钒	V	[Ar]$(4s)^2(3d)^3$	60	钕	Nd	[Xe]$(6s)^2(4f)^4$
24	铬	Cr	[Ar]$4s(3d)^5$	61	钷	Pm	[Xe]$(6s)^2(4f)^5$
25	锰	Mn	[Ar]$4s(3d)^5$	62	钐	Sm	[Xe]$(6s)^2(4f)^6$
26	铁	Fe	[Ar]$(4s)^2(3d)^6$	63	铕	Eu	[Xe]$(6s)^2(4f)^7$
27	钴	Co	[Ar]$(4s)^2(3d)^7$	64	钆	Gd	[Xe]$(6s)^2(4f)^7$5d
28	镍	Ni	[Ar]$(4s)^2(3d)^8$	65	铽	Tb	[Xe]$(6s)^2(4f)^9$
29	铜	Cu	[Ar]$4s(3d)^{10}$	66	镝	Dy	[Xe]$(6s)^2(4f)^{10}$
30	锌	Zn	[Ar]$(4s)^2(3d)^{10}$	67	钬	Ho	[Xe]$(6s)^2(4f)^{11}$
31	镓	Ga	[Ar]$(4s)^2(3d)^{10}$4p	68	铒	Er	[Xe]$(6s)^2(4f)^{12}$
32	锗	Ge	[Ar]$(4s)^2(3d)^{10}(4p)^2$	69	铥	Tm	[Xe]$(6s)^2(4f)^{13}$
33	砷	As	[Ar]$(4s)^2(3d)^{10}(4p)^3$	70	镱	Yb	[Xe]$(6s)^2(4f)^{14}$
34	硒	Se	[Ar]$(4s)^2(3d)^{10}(4p)^4$	71	镥	Lu	[Xe]$(6s)^2(4f)^{14}$5d
35	溴	Br	[Ar]$(4s)^2(3d)^{10}(4p)^5$	72	铪	Hf	[Xe]$(6s)^2(4f)^{14}(5d)^2$
36	氪	Kr	[Ar]$(4s)^2(3d)^{10}(4p)^6$	73	钽	Ta	[Xe]$(6s)^2(4f)^{14}(5d)^3$
37	铷	Rb	[Kr]5s	74	钨	W	[Xe]$(6s)^2(4f)^{14}(5d)^4$

(续表)

原子序数	元素		电子组态	原子序数	元素		电子组态
75	铼	Re	$[Xe](6s)^2(4f)^{14}(5d)^5$	88	镭	Ra	$[Rn](7s)^2$
76	锇	Os	$[Xe](6s)^2(4f)^{14}(5d)^6$	89	锕	Ac	$[Rn](7s)^2 6d$
77	铱	Ir	$[Xe](6s)^2(4f)^{14}(5d)^7$	90	钍	Th	$[Rn](7s)^2(6d)^2$
78	铂	Pt	$[Xe]6s(4f)^{14}(5d)^9$	91	镤	Pa	$[Rn](7s)^2(5f)^2 6d$
79	金	Au	$[Xe]6s(4f)^{14}(5d)^{10}$	92	铀	U	$[Rn](7s)^2(5f)^3 6d$
80	汞	Hg	$[Xe](6s)^2(4f)^{14}(5d)^{10}$	93	镎	Np	$[Rn](7s)^2(5f)^4 6d$
81	铊	Tl	$[Hg]6p$	94	钚	Pu	$[Rn](7s)^2(5f)^6$
82	铅	Pb	$[Hg](6p)^2$	95	镅	Am	$[Rn](7s)^2(5f)^7$
83	铋	Bi	$[Hg](6p)^3$	96	锔	Cm	$[Rn](7s)^2(5f)^7 6d$
84	钋	Po	$[Hg](6p)^4$	97	锫	Bk	$[Rn](7s)^2(5f)^9$
85	砹	At	$[Hg](6p)^5$	98	锎	Cf	$[Rn](7s)^2(5f)^{10}$
86	氡	Rn	$[Hg](6p)^6$	99	锿	Es	$[Rn](7s)^2(5f)^{11}$
87	钫	Fr	$[Rn]7s$	100	镄	Fm	$[Rn](7s)^2(5f)^{12}$

原子内电子排布的周期性形成了原子的电子壳层结构,它决定了元素物理、化学性质的周期性:每一周期从填充 s 支壳层开始,到填满 p 支壳层结束(第一周期除外);开始填充 s 态,壳层上只有一个电子,它容易失去一个电子,化学性质最为活泼,如 H,Li,Na,K,Rb,Cs,Fr;填满 p 态,构成满壳层,化学性质最为稳定,是惰性元素,如 He,Ne,Ar,Kr,Xe,Rn;电子填充 3d,4d 态的元素是过渡元素;电子填充 4f,5f 态的元素是镧系元素和锕系元素,它们的性质极为相近.

4.5 多电子原子的能级结构和光谱

- 原子光谱的实验规律
- 原子内部相互作用与原子能级结构
- 跃迁选择定则

● 原子光谱的实验规律

1666 年牛顿将一束阳光照射到一块三棱镜上,折射出展宽的彩色光带,为光谱学研究创造了条件.19 世纪中叶分光仪器(棱镜摄谱仪和光栅光谱仪)有了很大的发展,人们进一步用来研究不同物质成分发光的光谱,发现各种物质的气体的发射光谱大都是离散的线状谱,并且具有一定的结构.相同物质成分的发射光谱结构相同,不同物质成分的发射光谱结构不同.气体是物质呈现离散的原子分子状态,这些线状发射光谱就是原子光谱.原子光谱的广泛研究积累了大量而丰富的观测资料.为了弄清楚原子发射光谱的规律性,人们进而研究纯物质的发射光谱,发现了一些规律性的结果,例如:

(i) 几种碱金属元素 Li, Na, K, Rb, Cs, Fr 的原子光谱具有相仿的结构.在色散率较大的摄谱仪下可观察到每一条谱线是由两条或三条谱线组成,它们称为光谱的精细结构.

(ii) 具有原子序数 Z 的中性原子的光谱,同具有 $Z+1$ 的原子的一次电离后离子的光谱,以及具有 $Z+2$ 的原子二次电离后的离子的光谱等,具有类似的结构,如 H 同 He^+ 以及 Li^{++}, He 同 Li^+ 以及 Be^{++} 有相似的光谱结构.

(iii) 周期表中同一族元素的原子光谱具有类似的结构.

(iv) 周期表中同一周期中各元素的原子光谱按原子序数增加的顺序交替地具有偶数或奇数的多重结构.等等.

原子光谱是一种原子现象,它提供了原子结构的丰富信息,它也提供了认识原子结构的若干指路明灯.

● **原子内部相互作用与原子能级结构**

量子力学首先是在说明原子现象中广泛应用和逐步发展而趋于更为完善的.按照量子力学,我们只要弄清楚原子系统中的相互作用势能,写出其定态薛定谔方程,解此方程就可得出系统的能量.

在一般的多电子原子情形,原子系统的相互作用是极其复杂的,可大致罗列如下:

(i) 各电子与假设质量为无限大的点状原子核之间的库仑相互作用,它决定了系统能量的主要成分.如果核不能看成是无限重的,则需像力学中处理二体问题那样,用电子的折合质量代替电子本身的质量.

(ii) 各个电子之间的库仑相互作用,形式为 $\dfrac{e^2}{4\pi\varepsilon_0 r_{ij}}$.

(iii) 电子的自旋-轨道相互作用,性质上属于磁相互作用,形式上可表述为自旋角动量和轨道角动量的耦合作用 $\xi(r)\boldsymbol{l}_i \cdot \boldsymbol{s}_i$.

(iv) 自旋磁矩之间的磁相互作用.

(v) 各电子轨道运动之间的磁相互作用.

(vi) 一个电子的自旋与另一个电子的轨道运动之间的磁相互作用.

(vii) 还有核自旋核的有限大小以及核电荷分布的影响,相对论修正,等等.

要全部考虑清楚这些相互作用引起的能级结构,计算是极其复杂的,这不是本课程的任务,我们只能根据量子力学的处理方法讲一点其中的思路:

(1) 一般说来,后4种相互作用很弱,可先忽略它们;对于特殊的问题,在需要考虑时再作考虑. 于是可写出 N 个电子的原子系统的定态薛定谔方程,

$$\hat{H}\psi = E\psi, \tag{4.14a}$$

$$\hat{H} = -\sum_{i=1}^{N}\frac{\hbar^2}{2m_e}\nabla_i^2 - \sum_{i=1}^{N}\frac{Ze^2}{4\pi\varepsilon_0 r_i} + \sum_{i>j}\frac{e^2}{4\pi\varepsilon_0 r_{ij}} + \sum_{i=1}^{N}\xi(r_i)\boldsymbol{l}_i \cdot \hat{\boldsymbol{s}}_i, \tag{4.14b}$$

式(4.14b)中第一求和项是系统的动能项,第二求和项是系统中各电子与核的库仑势能之和,第三求和项是系统中各电子之间的库仑势能之和,第四求和项是各电子的自旋-轨道相互作用能之和. 可以看出原子系统的哈密顿量算符仍然是相当复杂的,不能分离变量,无法求解,只能近似处理逐级求解;

(2) 对于原子系统中构成闭合壳层的电子,由于泡利不相容原理,它们处于不同的状态. 在每个闭合支壳层中,电子的轨道磁量子数 m_l 分别取 $l, l-1, \cdots, 0, \cdots, -l$ 等不同值,自旋磁量子数 m_s 亦分别取 $1/2$ 和 $-1/2$. 结果 $\sum m_l = 0, \sum m_s = 0$,造成闭合支壳层总的 $M_l = 0$ 和 $M_s = 0$,从而闭合壳层的各个角动量 $L=0, S=0, J=0$,因此闭合壳层的效果仅相当于一个球对称的电荷分布,它与外层电子之间没有角动量的耦合作用,我们只须考虑外层电子之间的角动量

耦合,也就是说,可以用原子实来替代内层电子作简化处理.

经过以上两点简化处理之后,可以把(4.14)式的哈密顿量写成如下的形式

$$\hat{H} = \hat{H}_0 + \hat{H}_1 + \hat{H}_2, \tag{4.15}$$

其中 $\hat{H}_0$ 是电子在球对称中心势场中运动的哈密顿量,它包括电子的动能项、核库仑势能以及(4.14b)式第3求和项中球对称中心势场部分,$\hat{H}_1$ 为(4.14b)式中其余的非球对称中心势场部分,称为剩余库仑作用,$\hat{H}_2$ 为自旋-轨道相互作用.$\hat{H}_0$ 是哈密顿量的主要部分,可通过解 $\hat{H}_0$ 的本征方程 $\hat{H}_0\psi_0 = E_0\psi_0$ 得出系统能量的主要部分,而哈密顿量中的 $\hat{H}_1$ 和 $\hat{H}_2$ 则须通过微扰论方法近似求解.

(3) 对于不同的原子,剩余库仑作用和自旋-轨道相互作用的强弱有所不同.一种是剩余库仑作用远大于自旋-轨道相互作用,即 $\hat{H}_1 \gg \hat{H}_2$,应先计算 $\hat{H}_1$ 引起的修正,然后再进一步计算 $\hat{H}_2$ 引起的修正,这种情形常发生在质量较轻的原子和各电子相互靠得较近的情形,各电子的轨道角动量先耦合成一个总的轨道角动量 L,各电子的自旋耦合成一个总的自旋角动量 S,然后再有 L 和 S 耦合成总角动量 J,这种情形称为 LS 耦合.另一种是自旋-轨道相互作用远大于剩余库仑作用,即 $\hat{H}_1 \ll \hat{H}_2$,应先计算 $\hat{H}_2$ 引起的修正,然后再进一步计算 $\hat{H}_1$ 引起的修正.这种情形常发生在质量较重的原子和各电子离得较远的情形.各电子的轨道角动量和自旋角动量耦合成总角动量 j,然后再有不同电子的角动量 j 耦合成总角动量 J,这种情形称为 jj 耦合.

这样有了以上几点的考虑就可以计算原子系统处于不同状态的能量,当然具体的计算仍然是相当复杂的.下面仅就 LS 耦合的能态再作些说明.

在 LS 耦合下,原子系统的能态由总自旋角动量量子数 S、总轨道角动量量子数 L 和总角动量量子数 J 表征[①],在光谱学上习惯用下

---

① 原子态用量子数 S,L,J 表示是原子系统内部存在角动量守恒的反映;另外这里所说的原子态只是原子的角动量状态,不同电子组态可能形成某些相同符号的原子态,为了表示这种区别,通常在原子态符号前加上电子组态表示,例如 $3p4p\,^3P_2$.

述符号表示,

$$^{2S+1}(\text{与 } L \text{ 值相应的大写正体拉丁字母})_J,$$

左上角 $2S+1$ 的值表示原子态多重态的重数①,右下角为总角动量量子数的值,L 值与相应拉丁字母的对应关系为

$$L = 0 \quad 1 \quad 2 \quad 3 \quad 4 \quad 5 \quad 6 \quad 7 \quad 8 \quad 9 \quad \cdots$$
$$ \quad S \quad P \quad D \quad F \quad G \quad H \quad I \quad K \quad L \quad M \quad \cdots$$

例题 写出电子组态 3p4p 可形成的原子态.

解 $s_1 = s_2 = \dfrac{1}{2} \implies S = 1, 0,$

$l_1 = l_2 = 1 \implies L = 2, 1, 0,$

$J = 3, 2, 1; 2, 1, 0; 1;$

$ 2; 1; 0.$

可形成的原子态有 $\quad ^3D_3, ^3D_2, ^3D_1; ^3P_2, ^3P_1, ^3P_0; ^3S_1;$
$ ^1D_2; ^1P_1; ^1S_0.$

- **跃迁选择定则**

原子的发射光谱是原子从高能态跃迁到低能态发射的电磁波谱. 实际上并不是原子从任何一个高能态都可以跃迁到其低能态, 能态之间的辐射跃迁遵从一定的选择定则.

选择定则与守恒定律有着密切的联系, 辐射跃迁中的频率条件 $h\nu = E_2 - E_1$ 是能量守恒的表达, 辐射跃迁中的选择定则则是宇称守恒和角动量守恒的结果, 因此我们可以从宇称守恒和角动量守恒直接得出辐射跃迁选择定则. 下面仅考虑电偶极辐射的选择定则.

关于宇称守恒说明以下几点: (1) 宇称守恒是近似守恒定律, 它对于强相互作用和电磁相互作用是严格成立的, 而对弱相互作用则不成立. 1956 年李政道和杨振宁首先指出弱相互作用下宇称不守恒, 很快被吴健雄等人的实验证实. (2) 宇称守恒与物理运动规律的反射变换下的不变性相联系. 在原子中单电子波函数的宇称性质由

---

① 实际多重态的重数取决于 J 的取值个数, 当 $L < S$ 时, J 的取值只有 $2L+1$ 个, 虽然多重态的表示仍为 $2S+1$, 但实际多重态数小于 $2S+1$, 例如 $^3S_1$ 实际上是单重态, 只有一个能级, 而不是三重态.

轨道角动量量子数 l 来表征,表示为 $(-1)^l$(见 4.2 节).当 l 为偶数时,波函数为偶宇称或正宇称;当 l 为奇数时,波函数为奇宇称或负宇称.(3) 空间反射变换为分立变换,与之相联系的守恒量宇称是相乘性的守恒量,因此多电子原子系统的宇称由 $(-1)^{\sum l_i}$ 表征,其中 l_i 是原子中各个电子的轨道角动量量子数.(4) 光子具有内禀宇称,其宇称为 (-1).(5) 原子的辐射跃迁必须满足的选择定则之一是满足宇称守恒,即系统初态和终态的宇称相等,

$$(-1)^{\sum l_i} = (-1) \cdot (-1)^{\sum l_f}$$

或

$$\text{偶性态}\left(\sum l = \text{偶数}\right) \longleftrightarrow \text{奇性态}\left(\sum l = \text{奇数}\right), \quad (4.16)$$

即原子态之间的辐射跃迁满足其宇称奇偶性改变,此称为拉波特(O. Laporte)定则.

另外辐射跃迁还必须满足角动量守恒.光子具有内禀角动量,其自旋量子数 $s=1$.将原子和辐射的光子看作一个系统,辐射前原子的角动量应等于辐射后原子的角动量和光子角动量之和,

$$\boldsymbol{J}_i = \boldsymbol{J}_f + \boldsymbol{S}_\text{光}.$$

根据量子力学角动量耦合的普遍理论(见 4.3 节),量子数的取值为

$$J_i = J_f + 1, J_f, J_f - 1,$$

即

$$\Delta J = 0, \pm 1.$$

由于辐射跃迁是电子空间运动产生的,与电子的自旋无关,因而还有

$$\Delta S = 0,$$
$$\Delta L = 0, \pm 1.$$

在有关量子数的选择定则中还应排除 $J=0 \to J=0$ 的跃迁,它是被禁戒的.这是因为辐射前 $J=0$ 表明原子处于球对称状态,辐射后 $J=0$ 表明原子也是处于球对称状态,这就要求辐射的电磁波也必须是球对称的,然而偶极辐射不是球对称的,不存在球对称的辐射,因而这种跃迁是不可能发生的.总括起来关于量子数的选择定则是

$$\left.\begin{array}{l}\Delta S = 0, \\ \Delta L = 0, \pm 1, \\ \Delta J = 0, \pm 1 (J = 0 \nrightarrow J = 0).\end{array}\right\} \quad (4.17)$$

根据以上偶极辐射跃迁选择定则可以看出：(1) 单价原子的跃迁选择定则是 $\Delta l = \pm 1, \Delta j = 0, \pm 1$，其中没有 $\Delta l = 0$ 的情形，这是因为 $\Delta l = 0$ 意味着系统的初态和终态的宇称的奇偶性不变，是拉波特定则禁戒的.(2) 不同多重态之间的跃迁是禁戒的，这是因为 $\Delta S = 0$ 所限制.(3) 同一电子组态的能级之间的辐射跃迁是禁戒的，这是因为同一电子组态的宇称奇偶性相同，拉波特定则禁戒这种跃迁.

4.6 激 光 原 理

- 激光的特性及应用方面
- 光的自发辐射，受激辐射和受激吸收
- 激光原理

● **激光的特性及应用方面**

激光是 20 世纪 60 年代开发的一种新型光源.自 1960 年制造出第一台激光器，到现在已经发展了包括固体、气体、半导体、染料等作为材料的各种激光器，激光的波长分布也极广，从 10^{-2} Å 到 0.7 mm，激光的工作方式有连续的，也有脉冲的.

激光这种新型光源具有一系列普通光源所没有的优异特性：

(1) 方向性好、亮度高. 激光器输出光束的发散角极小，为 $1'$ 量级，因而激光光束的能量高度集中.普通功率为 10 mW 的氦氖激光器的亮度要比太阳亮度大几千倍，而功率更大的激光器的亮度比太阳的亮度甚至可大几百亿倍.因此在不戴特殊的防护眼镜的情形下，正对激光光束直视对眼睛的伤害是很大的.

(2) 单色性好. 普通原子、分子或离子发光的光谱中每条谱线都不是严格单色的，有一定宽度 $\Delta\lambda$，因而谱线有一定的相干长度 $L = \dfrac{\lambda^2}{\Delta\lambda}$.一般光谱线的相干长度只有几毫米到几厘米.单色性最好的 ^{86}Kr 的橙黄线 6057 Å，$\Delta\lambda = 4.7 \times 10^{-3}$ Å，相干长度为 78 cm；而 He-Ne 激光器的谱线 6328 Å，$\Delta\lambda = 10^{-8}$ Å，相干长度达几十千米.激光的单色性好，相干长度大，因此其时间相干性好，两束激光的光程差较大也能实现干涉.

(3) 空间相干性好. 普通光源的光是由彼此独立的发光原子发出的,其空间相干性很差. 为了实现干涉,需要采用限制光源宽度的措施,这就大大减弱了光强. 激光的高度空间相干性使得激光光源的不同部分,甚至两个独立的激光器之间也能实现干涉.

激光的上述特性又可概括为两个方面,激光在各种技术领域中的广泛应用就是利用这两方面的特性. 一方面它是定向的强光光束,在极细的光束中集聚很高的能量,应用有如激光通信、激光测距、激光定向、激光准直、激光雷达、激光切削、激光手术、激光武器、激光受控热核反应引爆,等等;另一方面它是单色的相干光束,这包括了很好的时间相干性和空间相干性,应用有如激光全息、激光测长、激光干涉、激光信息传输,等等;有些应用如非线性光学则与这两方面特性都有关.

- **光的自发辐射,受激辐射和受激吸收**

激光(laser)的英文全名是"Light Amplification by Stimulated Emission of Radiation",直译为"辐射的受激发射的光放大". 激光的单色性、相干性好的特性正是来源于受激辐射. 爱因斯坦早在 1917 年就提出受激辐射概念,为激光的发明奠定了理论基础,而激光器的开发制成则是原子物理和光学等多种知识和技术综合的产物.

通常,原子从一个定态跃迁到另一个定态可发生三种主要过程:

(1) **自发辐射**. 处于高能态 E_2 的原子是不稳定的,可自发跃迁到低能态 E_1,同时发射一个频率为 ν 的光子,$h\nu = E_2 - E_1$,如图 4-6(a)所示. 设处于高能态的原子数为 N_2,显然在 Δt 时间内自发辐射的原子数 $\Delta N_{21}^{自}$ 与 N_2 和 Δt 分别成正比,写成等式有

$$\Delta N_{21}^{自} = A_{21} N_2 \Delta t, \tag{4.18}$$

式中 A_{21} 称为自发辐射概率,它表示在单位时间内,自发辐射的原子数占高能态原子数的百分比. 自发辐射的特点是,大量处于相同高能态的原子各自独立地分别自发发射光子,它们带有随机的偶然性质,相应地各原子自发辐射的光波没有确定的相位关系,偏振方向和传播方向亦各不相同. 自发辐射又称为非相干辐射.

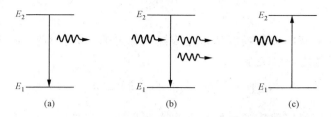

图 4-6 自发辐射,受激辐射和受激吸收

(2) **受激辐射**. 当存在频率为 ν 满足 $h\nu = E_2 - E_1$ 的外来光子,处于高能态 E_2 的原子受到该光子的激励,引发从高能态 E_2 到低能态的跃迁,并放出一个同频光子,如图 4-6(b)所示. 在 Δt 时间内这种受激辐射的原子数 $\Delta N_{21}^{受}$ 与 N_2 和 Δt 分别成正比,此外还与频率为 ν 的辐射场的能量密度 ρ_ν 成正比,写成等式有

$$\Delta N_{21}^{受} = B_{21}\rho_\nu N_2 \Delta t, \tag{4.19}$$

式中 $B_{21}\rho_\nu$ 称为受激辐射概率,它表示在单位时间内受激辐射的原子数占高能态原子数的百分比. 受激辐射的特点是,受激辐射光波的频率、相位、偏振方向和传播方向都与引发的光波相同. 受激辐射又称为相干辐射.

(3) **受激吸收**. 处于低能态 E_1 的原子可吸收外来频率为 ν 的光子,$h\nu = E_2 - E_1$,跃迁到高能态 E_2,如图 4-6(c)所示. 在 Δt 时间内受激吸收的原子数 ΔN_{12} 应与 N_1 和 Δt 分别成正比,此外还与频率为 ν 的辐射场的能量密度 ρ_ν 成正比,写成等式有

$$\Delta N_{12} = B_{12}\rho_\nu N_1 \Delta t, \tag{4.20}$$

式中 $B_{12}\rho_\nu$ 称为受激吸收概率.

系数 A_{21},B_{21} 和 B_{12} 称为爱因斯坦系数,它们都是原子本身的性质,与体系中原子按能级的分布状况无关.

通常,在物质中这三种过程都可能同时存在. 在局域热平衡下,这三种过程达到平衡,即从低能态跃迁到高能态的原子数与从高能态跃迁到低能态的原子数应相等,即

$$B_{12}N_1\rho_\nu = A_{21}N_2 + B_{21}N_2\rho_\nu, \tag{4.21}$$

由于热平衡下的原子数的分布遵从玻尔兹曼分布

$$\frac{N_2}{N_1} = e^{-\frac{E_2-E_1}{kT}} = e^{-\frac{h\nu}{kT}}, \tag{4.22}$$

而且热平衡的辐射场能量密度与黑体辐射的相同,由此可得出爱因斯坦系数之间的关系

$$B_{12} = B_{21}, \quad A_{21} = \frac{8\pi h\nu^3}{c^3} B_{21}. \tag{4.23}$$

我们可以比较通常情形下自发辐射概率与受激辐射概率之比.由(4.21)式和(4.22)式,

$$R = \frac{A_{21}}{B_{21}\rho_\nu} = \frac{N_1}{N_2} - 1 \approx e^{\frac{h\nu}{kT}}. \tag{4.24}$$

取温度为室温 $T=300$ K,ν 为可见光的频率,$\nu = 5 \times 10^{14}$ Hz,得

$$R \approx e^{80} = 10^{35}.$$

可见通常发光情形,自发辐射占压倒的优势,受激辐射是微乎其微的.与此同时,也可看出受激辐射远远小于受激吸收过程,合适的光子射到通常状态的材料中,主要的还是被吸收而不可能发生光放大现象.

- **激光原理**

产生激光的激光器由三部分组成:工作介质(又称为激活物质),激励能源和谐振腔.

激光产生的原理可从以下几方面来阐述:

(1) 粒子数反转分布

上面我们已经看到,在通常情形下,原子按能量的玻尔兹曼分布,$N_2 \ll N_1$,自发辐射占压倒优势;受激吸收远远大于受激辐射,不可能实现光放大.如果能够实现 $N_2 > N_1$,则受激辐射可大于自发辐射,而且受激辐射可大于受激吸收而实现光放大.$N_2 > N_1$ 的分布称为**粒子数反转分布**.因此产生激光的第一个必要条件是粒子数反转分布,这就需要研究清楚介质内部的能级结构.能够实现粒子数反转分布的能级结构有以下两种基本类型:

第一种,三能级系统.如图 4-7(a),通过激励能源很快地把粒子由基态 E_1 抽运到高能态 E_3,基态的粒子数减少,粒子从 E_3 又跃迁

到能态 E_2. 如果 E_3 能级的寿命很短,而 E_2 能级是亚稳态,其寿命很长,结果在 E_2 能级上可积累大量粒子,造成 E_2,E_1 能态上的粒子数反转分布,$N_2 > N_1$. 当有一个粒子自发辐射,可引发其他粒子受激辐射,从而可获得受激辐射的光放大. 第一台红宝石激光器属于此种系统.

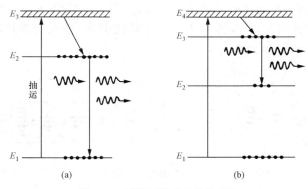

图 4-7 三能级系统和四能级系统

第二种,四能级系统. 三能级系统造成激发态与基态之间的反转分布,由于通常情形下,粒子处于基态的数目相对说来是很大的,因此实现粒子数反转分布,要求激励能源很强,抽运很快. 四能级系统则是造成高激发态 E_3 和低激发态 E_2 之间的粒子数反转,如图 4-7(b) 所示,这是比较容易达到的,对激励能源的要求可低得多. 如果 E_3 是亚稳态,寿命较长,E_2 的寿命较短,粒子数反转分布更容易达到. He-Ne 激光器就属于此种系统.

(2) 谐振腔的作用

仅有激活物质和激励能源还不能产生激光,因为介质中总会存在一定的自发辐射光子,它们所对应的光波的相位、振动方向和传播方向都是杂乱无章的,在这些自发辐射光子的激励下,得到放大的受激辐射在相位、振动方向和传播方向上也是杂乱无章的,因而总体上看仍然是无规的. 为了在其中选取有一定传播方向的光享有最为优越的放大,而将其他方向传播的光抑制,必须在激活物质两端安置两块互相平行的反射镜,其中一块的反射率为百分之百,另一块也近乎百分之百,例如98%,这两块反射镜就构成了谐振腔(反射镜也可以是凹球面).这样只有沿反射镜轴向的光束来回经过激活物质,不断地激励受激辐射,它们都是同频、同相位、同偏振态、同传播方向的,链锁放大的结果形成稳定的激光,从部分反射面输出;而偏离轴方向的那些光束或者直接穿出激活物质,或者经过几次来回反射逸出腔外,得不到轴向光束那样的优势放大,如图 4-8 所示.总之,谐振腔对光束的选择作用,使受激辐射集中于特定方向.激光的方向性好、能量高度集中来源于此.

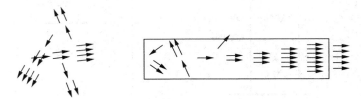

图 4-8 谐振腔的作用

(3) 阈值条件

并不是只要有激活物质、激励能源和两块反射镜就能够出激光,这是因为在光的来回反射中对光强变化的影响存在两种对立的因素.一种是激活物质中的光放大,又叫做光增益,使光增强;另一种是光强在端面上被吸收、透射以及介质中杂质的散射等使光强减弱,又叫做光损耗.显然必须要求增益大于损耗才能出激光.增益取决于激励能源的强弱以及激活物质的性质.因此,在损耗一定的条件下要求一定的增益,或者说增益要满足一定的阈值条件.若仅考虑反射镜的透射损失,可导得增益的阈值条件为

$$G > G_m = -\frac{1}{2L}\ln(R_1 R_2),$$

式中 L 为激活物质长度,R_1,R_2 分别为两反射镜的反射率.可以看出激活物质越长,反射率越大,G_m 则越小,阈值条件越容易满足,越容易出激光.

(4) 谐振腔使谱线变得更窄的作用

从能级寿命方面考虑谱线的宽度称为自然宽度.实际谱线的宽度还因多普勒效应而增宽,称为多普勒增宽;因碰撞作用而增宽,称为碰撞增宽,因此谱线有一定的宽度,表示为图 4-9 中的轮廓线,谱线的宽度为 $\Delta\lambda$. 由于光在谐振腔两反射面之间多次反射,这些反射光满足相干条件,这是一个多束光干涉的问题. 与多缝光栅中多光束干涉类似,只有当往返一次经历的光程等于光波波长的整数倍时,干涉才是极大,相互相长,其他不满足此要求的光多束干涉的结果相消,结果犹如多缝衍射情形,在光谱的原本轮廓中形成一些很细的谱线,其谱线宽度大大减小为 $\delta\lambda$,理论上可达到 10^{-12} Å,实际达到 $\delta\lambda \approx 10^{-8}$ Å. 每一谱线称为一个**纵模**.

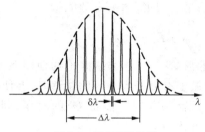

图 4-9 谐振腔的纵模

一般使用的激光器,各纵模都出现,激光的单色性并不算好. 但如果采用特殊的技术,从多模中提取单模,并稳定单模的频率,这就是所谓单模稳频技术. 这样激光的单色性和时间相干性就大为提高.

4.7 分子的能级和分子光谱

•分子的组成及其内部的运动　　•分子的能级和分子光谱的特征

● **分子的组成及其内部的运动**

分子由原子组成. 原子组成分子具有一定的结构. 组成分子的原子的价电子不再属于某个原子,而为所有原子所"共有",即属于分子. 因此分子内部不仅有电子的运动,还有分子的转动和分子内部的振动. 一般说来分子内部的三种运动牵连在一起,问题是复杂的. 我们可以粗略地估计分子内部这三种运动的能量量级.

(1) 电子运动能量 E_e

分子的大小约为 $a \approx 0.1$ nm,电子约束在分子范围内运动,其坐标不确定度为 $\Delta x \sim a$,根据不确定关系,动量不确定度为 $\Delta p \sim \hbar/a$,因此,电子的能量

$$E_e = \frac{p^2}{2m} \sim \frac{(\Delta p)^2}{2m} \sim \frac{\hbar^2}{2ma^2} \approx 4 \text{ eV}, \quad (4.25)$$

可见电子运动的能量与原子能级具有相同的量级.

(2) 振动能量 E_v

根据普朗克的量子假说,谐振子的能量

$$E_v = \hbar\omega = \hbar\sqrt{\frac{k}{\mu}},$$

式中 μ 为典型核的质量,k 为分子谐振子的劲度系数.k 的量级可以这样来估计:使谐振子有分子大小 a 的位移时,会使得电子的波函数发生显著的变化,从而引起电子能量 E_e 的改变,因此 $k \sim E_e/a^2$. 利用(4.25)式,上式可化为

$$E_v = \hbar\sqrt{\frac{E_e}{\mu a^2}} \sim \sqrt{E_e ma^2} \cdot \sqrt{\frac{E_e}{\mu a^2}} = \left(\frac{m}{\mu}\right)^{\frac{1}{2}} E_e. \quad (4.26)$$

质子的质量大约是电子质量的 2000 倍,典型核的质量则大约是电子质量的 $10^4 \sim 10^5$ 倍,因此分子振动能量 E_v 约为电子运动能量的 1/100.

(3) 转动能量 E_r

分子的转动惯量 I 数量级为 μa^2,而角动量 p_φ 的量级是 $\hbar$,于是利用(4.25)式有

$$E_r = \frac{p_\varphi^2}{2I} \sim \frac{\hbar^2}{\mu a^2} \sim \frac{m}{\mu} E_e \sim \left(\frac{m}{\mu}\right)^{\frac{1}{2}} E_v, \quad (4.27)$$

分子转动能量 E_r 约为振动能量的 1/100.

上述分子内部三种运动能量的估算虽然非常粗略,但很接近实际.三种运动能量的差别很大,根源在于原子核的质量比电子质量大得多.结果,分子转动的频率远小于振动的频率,分子振动的频率又远小于电子跃迁的频率;或者说,与电子运动相联系的周期远小于分子振动的周期,分子振动的周期又远小于分子转动的周期.因此,计

算电子运动时,可以认为核固定不动,分子既没有振动,也没有转动;研究分子振动时,可以认为分子没有转动,而电子处于稳定的运动中,即用有效的电子云来代替;研究分子转动时,核处于振动的平衡位置.这表明分子的这三种运动之间的关联并不十分密切.我们可以分别予以处理,并且分子的总能量是三者之和,即

$$E = E_e + E_v + E_r, \quad (4.28)$$

从而分子的问题可大为简化.

- **分子的能级和分子光谱的特征**

分子内部这三种运动的能量都是量子化的,形成能级结构,大致如图 4-10 所示.根据上面的讨论,电子能级之间的差为 eV 量级;每个电子能级上有分子振动能级,振动能级之间的差为 10^{-2} eV 量级;每个振动能级上又有分子转动能级,转动能级之间的差为 10^{-4} eV 量级.

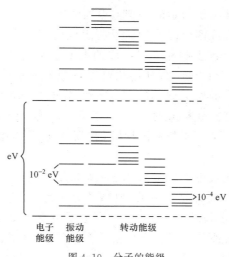

图 4-10 分子的能级

分子各能级之间的跃迁形成分子光谱.分子光谱可分为纯转动光谱、振动-转动光谱带和电子光谱带.纯转动光谱是同一振动能级上不同转动能级之间的跃迁,涉及的能量变化为 10^{-4} eV 量级,其波

长在远红外区;振动-转动光谱带是同一电子能级不同振动能级上不同转动能级之间的跃迁,涉及的能量变化为 10^{-2} eV 量级,其波长在近红外区;电子光谱带是不同电子能级上各种振动转动能级之间的跃迁,构成复杂的光谱带,涉及的能级变化为 eV 量级,其波长在可见光和紫外区域.

分子光谱中隐含分子的各种参数,测定分子光谱可以确定分子的各种参数,是研究分子结构特征的重要方法.

4.8 分子键联

• 离子键　　　• 共价键

• **离子键**

原子是如何结合而形成分子的,是化学中的一个基本问题. 现在这个问题可以在量子力学的基础上得到解决.

分子可以看成两个以上的原子所组成的束缚态系统,也可以看成是电子与两个以上的原子核组成的束缚态系统. 原子中电子仅绕一个原子核(单中心)运动,其形状可以近似看成是球形;而分子中电子绕两个以上的原子核(多中心)运动,分子的形状可以是线状的、四面体的、环状的、螺旋形的,等等. 原子结合成为分子,其中必定存在结合力,在化学上称之为化学键,它属于电磁作用,决定了分子的结构.

化学键中比较重要的是离子键和共价键.

离子键是比较容易理解的,典型的分子是 NaCl. Na 是碱金属,电子组态为 $1s^2 2s^2 2p^6 3s$. 内层的 10 个电子组成封闭壳层,最外层 3s 有一个电子. Na 原子比较容易失去一个外层 3s 电子,而成为正离子 Na^+. Cl 是卤族元素,电子组态为 $1s^2 2s^2 2p^6 3s^2 3p^5$,最外层 3p 上有 5 个电子,它比较容易获得一个电子,构成 3p 的满支壳层而成为负离子 Cl^-. 正负离子之间的静电库仑作用形成 NaCl 分子.

由于正负离子的静电引力随着离子间距的减小而增大,因此要达到平衡状态似乎是不可能的. 然而事实上当离子之间距离足够小时,它们之间会出现强排斥核力,称为"排斥芯",阻止正负离子进一步靠近. 这种"排斥芯"的出现是一种量子效应. 当离子相距很远时,一个离子的内层电子的波函数不会跟其他离子的电子的波函数相重叠,我们能够区分这两个电子,而且这两个电子可以有相同的量子数. 当正负离子靠得足够近时,两离子的内壳层电子波函数将发生重叠,由于泡利原理,不可能有两个或两个以上的电子处于相同的状态. 在 Cl^- 中内部从 1s 到 3p 态已被电子充满,不可能容纳多余的电子,因此电子只能占据能量更高的电子组态,使系统的能量增高,或者说在 Na^+ 和 Cl^- 之间产生等效的"排斥芯",阻止正负离子进一步靠近,从而造成离子键分子的势能曲线中出现能量最小值,与能量最小值相对应的离子间距 r_0 即平衡距离. NaCl 分子的 $r_0 = 0.236$ nm.

应该指出,这种因泡利原理而产生的排斥力是一切分子中的原子之间的斥力,这种排斥力是一种短程排斥力,是自然界普通物质具有一定尺度的原因.

- **共价键**

对于同种原子形成的束缚态分子如 H_2, N_2,或性质相近的原子形成的分子,显然不能用上述形成正负离子的吸引来说明. 这种化学结合对于化学家来说一直是一个谜,一直到量子力学建立之后才找到了合理的说明. 这种化学结合称为**共价键**. 事实上大约 90% 的分子是靠共价键结合形成的.

在共价键结合中,分子中原子的内层电子仍分属原有的原子,而外层电子属于组成分子的原子所共有. 下面我们具体讨论两种最简单的分子.

氢分子离子(H_2^+):分子中有两个质子和一个电子,电子为两个质子所共有. 设质子 p_A 和 p_B 分别固定在确定的位置,它们对于电子形成双势阱,如图 4-11 所示. 当 p_A 和 p_B 相距甚远时,双势阱之间的势垒较宽,电子只可能束缚于 p_A 或 p_B,这时整个系统可以看成是

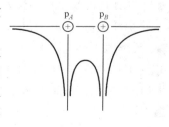

图 4-11 氢分子离子的双势阱

氢原子＋质子. 如果电子束缚于 p_A 附近, 用波函数 ψ_A 表示其状态; 如果电子束缚于 p_B 附近, 用波函数 ψ_B 表示其状态. 显然 ψ_A 或 ψ_B 皆为氢原子的波函数. 如果电子处于氢原子的 1s 态, 其波函数 ψ_A 和 ψ_B 的图形如图 4-12(a) 所示.

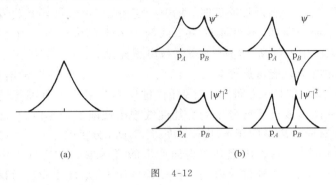

图 4-12

当 p_A 与 p_B 不断靠近, 势垒的宽度不断减小, 由于量子力学的势垒穿透效应, 电子可穿过势垒, 电子在 p_A 或 p_B 附近出现的概率相等. 对于 H_2^+ 中的电子, 显然不能用单一的氢原子波函数 ψ_A 或 ψ_B 来描述其运动状态. 根据 p_A 和 p_B 的地位对称, 描述 H_2^+ 中电子状态的波函数为

$$\psi^+ = \psi_A + \psi_B \quad \text{或} \quad \psi^- = \psi_A - \psi_B,$$

其图形可表示如图 4-12(b), 图中下半部分是相应的电子出现的概率 $|\psi^+|^2$ 或 $|\psi^-|^2$. 从图中可以看出, 电子处于 ψ^+ 态时, 电子在两个质子之间的区域内出现的概率较大; 而在 ψ^- 态时, 电子在两个质子之间的区域内出现的概率较小. 当电子处于 ψ^+ 态时, 电子起着"黏合剂"的作用, 把两个质子拉在一起, 可以形成稳定的分子.

在量子力学中, 利用波函数 ψ^+ 或 ψ^-, 可以计算 H_2^+ 系统的能量. 系统的能量包括电子与 p_A 和 p_B 之间的库仑吸引势能以及 p_A 与 p_B 之间的排斥势能, 这两项势能都依赖于 p_A 和 p_B 之间的距离 r. 如果用 E_+ 和 E_- 分别表示电子处于 ψ^+ 和 ψ^- 状态的能量, 计算的结果为

$$\text{当 } r \to \infty, \quad E_+ = -13.6\,\text{eV}, \quad E_- = -13.6\,\text{eV}.$$

此时系统相当于 $H+H^+$,H^+ 是在电离态,能量为零,H 在基态,能量等于 $-Rhc$;

$$当 r \to 0, \quad E_+ = -54.6 \text{ eV}, \quad E_- = -13.6 \text{ eV}.$$

此时系统类似于 He^+,电子处于 ψ^+ 时,He^+ 的能量为 $-4Rhc$,电子处于 ψ^- 时,相当于 He^+ 的电子在 $n=2$ 的状态,能量等于 $-Rhc$.于是,系统的总能量

$$E^\pm = E_\pm + U_p,$$

U_p 为 p_A 与 p_B 之间的排斥势能. 图 4-13 画出 $E_\pm$,U_p 及 $E^\pm$ 随两个质子间距的变化关系.从图中可以看出,在 $r_0 = 0.106$ nm 处,$E^+ = E_+ + U_p$ 有极小值,等于 -16.3 eV.这个极小值的存在显示可形成稳定的氢分子离子 H_2^+. $r_0 = 0.106$ nm 称为平衡距离,氢分子离子 H_2^+ 的束缚能为 $E^+(\infty) - E^+(r_0) = 2.7$ eV.电

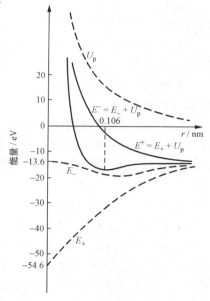

图 4-13 氢分子离子的势能曲线

子在 ψ^+ 态,分子具有较低的能量,能够形成稳定的 H_2^+,ψ^+ 称为成键波函数;在 ψ^- 态,分子具有较高的能量,不能形成稳定的 H_2^+,ψ^- 称为反键波函数.

氢分子(H_2):分子中有两个电子,为两个质子所共有.分子中的电子也遵从泡利不相容原理,即分子中不可能有两个或两个以上的电子处于相同的状态.于是,如果电子的轨道运动状态相同,则其自旋相反,因此自旋相反的两个电子都可以处于成键态,势能曲线有极小值,可以形成稳定的氢分子.而当两个电子自旋相同时,则一个电子处于成键态,另一个电子处于反键态,结果所对应的势能曲线没有极小值,不能形成稳定的分子.对氢分子 H_2,平衡距离 $r_0 = 0.074$ nm,束缚能为 $E^+(\infty) - E^+(r_0) = 4.5$ eV,与 H_2^+ 相比,H_2 的平衡距离更小,而束缚能更大,因此氢分子 H_2 比氢分子离子 H_2^+ 更为稳定.

习　题

4.1　原子、分子层次涉及的能量量级是多大？是如何得出的？

4.2　氢原子的量子力学结果与玻尔氢原子理论的结果有哪些相同和哪些不同？这说明什么？

4.3　施特恩-格拉赫关于银原子束的实验所得到的电子自旋的结论有哪些？

4.4　什么是泡利不相容原理？它对于整个物理世界的结构起着什么作用？

4.5　决定元素周期律的基本原理是什么？

4.6　原子中电子填空各支壳层的顺序是怎样的？已知元素钕（Nd）在元素周期表中原子序数占第60位，写出其原子基态的电子组态。

4.7　什么是 LS 耦合？什么是 jj 耦合？

4.8　电子组态 3p4d 可形成的原子态有哪些？

4.9　写出多电子原子能级的偶极辐射跃迁的选择定则。

4.10　为什么单价原子关于量子数 l 的选择定则是 $\Delta l = \pm 1$，没有 $\Delta l = 0$ 的情形？同一电子组态的能级之间能发生辐射跃迁吗？为什么？

4.11　简述激光原理。激光相干性很好的原因来源于什么？激光的高强度来源于什么？

4.12　分子内部的运动有哪几种？其能量量级如何？如何估算出来？

4.13　简述离子键和共价键的成因。

凝 聚 态

5.1 概述
5.2 能带论及导体、绝缘体和半导体的区别
5.3 金属电导的量子理论
5.4 宏观量子现象
5.5 凝聚态物理的新进展

5.1 概　述

凝聚态是大量原子、分子聚集的物态.研究凝聚态物质的物理性质与微观结构以及它们之间关系的学科称为凝聚态物理,它是固体物理延展开来的内容极为丰富、涉及面极为广阔的庞大学科.在凝聚态物质中原子、分子彼此紧挨着,其间距与原子、分子本身的线度数量级大致相同;凝聚态所涉及的能区与原子、分子相同,也是几个 eV 的量级.

5.2 能带论及导体、绝缘体和半导体的区别

- 固体的能带结构
- 导体、绝缘体和半导体的区别

● **固体的能带结构**

当电子束缚于一定的势场中,解薛定谔方程并符合标准条件,自然得出其能量具有离散的能级结构.固体由许多原子构成,每个原子包含原子核和电子,电子的运动根据量子力学可解出具有一定的能带结构.这方面的讨论形成能带论,它可以具体说明固体的许多物理性质,它也是了解某些化学过程和生物过程的基础.

当大量的原子作有规则排列形成晶体时,内层的电子与原子核结合比较紧密,仍分属各个原子.相邻原子靠得很近,相互影响,形成如图 5-1 所示的周期性势场.外层的价电子在周期性势场中运动.由于相邻原子靠得很近,周期性势场中的势垒宽度只有 0.1 nm 的量级,量子力学的隧道效应起作用,电子可穿越势垒进入其他原子附近,因此电子并非属于个别原子,而为整个晶体中的原子所共有.

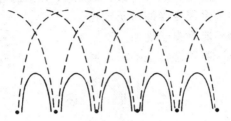

图 5-1 晶体中的周期性势场

图 5-1 的势场求解起来仍是相当复杂.为简便起见,假定周期性势场为图 5-2 的形式,势的周期是 $a+b$,在范围 $0<x<a$ 内,势能为零,在范围 $-b<x<0$ 内,势能为 U.于是相应的定态薛定谔方程为

$$\begin{cases} \dfrac{d^2\psi}{dx^2}+\dfrac{2m}{\hbar^2}E\psi=0, & 0<x<a \text{ 等}, \quad (5.1)\\ \dfrac{d^2\psi}{dx^2}+\dfrac{2m}{\hbar^2}(E-U)\psi=0, & -b<x<0 \text{ 等}. \quad (5.2) \end{cases}$$

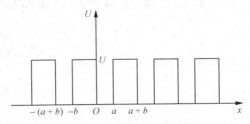

图 5-2 简化的周期性势场

由于晶体中电子的共有化,和自由电子有些相似,因此电子的波函数应具有自由电子波函数的因子 e^{ikx},我们可以把电子的定态波函数写成

$$\psi(x) = \mathrm{e}^{\mathrm{i}kx}\Phi(x), \tag{5.3}$$

式中 $k=\dfrac{2\pi}{\lambda}$ 是波数. 另外考虑到电子的能量 $E<U$, 可以引入两个实数 α 和 β

$$\alpha^2 = \frac{2m}{\hbar^2}E, \quad \beta^2 = \frac{2m}{\hbar^2}(U-E), \tag{5.4}$$

将(5.3)式代入(5.1),(5.2)式可得 $\Phi(x)$ 满足的方程

$$\begin{cases}\dfrac{\mathrm{d}^2\Phi}{\mathrm{d}x^2} + 2\mathrm{i}k\dfrac{\mathrm{d}\Phi}{\mathrm{d}x} + (\alpha^2 - k^2)\Phi = 0, & 0<x<a \text{ 等}, \tag{5.5}\\[2mm] \dfrac{\mathrm{d}^2\Phi}{\mathrm{d}x^2} + 2\mathrm{i}k\dfrac{\mathrm{d}\Phi}{\mathrm{d}x} - (\beta^2 + k^2)\Phi = 0, & -b<x<0 \text{ 等}. \tag{5.6}\end{cases}$$

它们的解是

$$\Phi_1 = A\mathrm{e}^{\mathrm{i}(\alpha-k)x} + B\mathrm{e}^{-\mathrm{i}(\alpha+k)x}, \quad 0<x<a \text{ 等}, \tag{5.7}$$

$$\Phi_2 = C\mathrm{e}^{(\beta-\mathrm{i}k)x} + D\mathrm{e}^{-(\beta+\mathrm{i}k)x}, \quad -b<x<0 \text{ 等}, \tag{5.8}$$

式中 A,B,C,D 是四个任意常数. 它们应由波函数的标准条件以及波函数周期性条件确定. 这些条件是在端点处波函数及其一阶导数连续,

$$\begin{cases} \Phi_1(0) = \Phi_2(0), & (5.9)\\[2mm] \left(\dfrac{\mathrm{d}\Phi_1}{\mathrm{d}x}\right)_0 = \left(\dfrac{\mathrm{d}\Phi_2}{\mathrm{d}x}\right)_0, & (5.10)\\[2mm] \Phi_1(a) = \Phi_2(-b), & (5.11)\\[2mm] \left(\dfrac{\mathrm{d}\Phi_1}{\mathrm{d}x}\right)_a = \left(\dfrac{\mathrm{d}\Phi_2}{\mathrm{d}x}\right)_{-b}, & (5.12)\end{cases}$$

即

$$\begin{cases} A + B - C - D = 0, & (5.13)\\ \mathrm{i}\alpha A - \mathrm{i}\alpha B - \beta C + \beta D = 0, & (5.14)\\ A\mathrm{e}^{\mathrm{i}(\alpha-k)a} + B\mathrm{e}^{-\mathrm{i}(\alpha+k)a} - C\mathrm{e}^{-(\beta-\mathrm{i}k)b} + D\mathrm{e}^{(\beta+\mathrm{i}k)b} = 0, & (5.15)\\ \mathrm{i}\alpha A\mathrm{e}^{\mathrm{i}(\alpha-k)a} - \mathrm{i}\alpha B\mathrm{e}^{-\mathrm{i}(\alpha+k)a} - \beta C\mathrm{e}^{-(\beta-\mathrm{i}k)b} + \beta D\mathrm{e}^{(\beta+\mathrm{i}k)b} = 0. & (5.16)\end{cases}$$

这是一组 A,B,C,D 满足的齐次方程组, 要得到 A,B,C,D 非零解的条件是相应的系数行列式等于零, 由此可得 α 和 β 所必须满足的方程

$$\frac{\beta^2-\alpha^2}{2\alpha\beta}\sinh\beta b\sin\alpha a+\cosh\beta b\cos\alpha a=\cos k(a+b), \tag{5.17}$$

给定 a,b,U,m，(5.17)式表示电子可能取的能量所必须满足的条件. 这一式子太复杂,将势场的情况稍加修改,可得更简单的方程. 令 U 很大、b 很小,但保持 Ub 有限,则 $\beta b\ll 1$,有

$$\sinh\beta b\approx\beta b,\quad\cosh\beta b\approx 1,$$
$$\cos k(a+b)\approx\cos ka,$$
$$\frac{1}{2}(\beta^2-\alpha^2)=\frac{m}{\hbar^2}(U-2E)\approx\frac{mU}{\hbar^2},$$

令 $P=\frac{1}{\hbar^2}mUba$，P 与势垒的面积 Ub 有关,它反映电子受周期性势场,亦即电子受核影响的程度,于是得

$$P\frac{\sin\alpha a}{\alpha a}+\cos\alpha a=\cos ka, \tag{5.18}$$

这是一个要得到 A,B,C,D 非零解 α 必须满足的方程. α 是一个与电子能量 E 有关的常数,因此(5.18)式也是电子能量 E 必须满足的一个方程. 为了求得可能的能量值,我们可以先画出 $P\frac{\sin\alpha a}{\alpha a}+\cos\alpha a$ 的函数曲线. 对于一个给定的 P 值,可画出曲线如图 5-3 所示. 由于 (5.18)式,这一函数值等于 $\cos ka$,而 $|\cos ka|\leqslant 1$. 因此只有图中横坐标轴粗线段内的 αa 值才能满足(5.18)式,这表明电子能量具有一

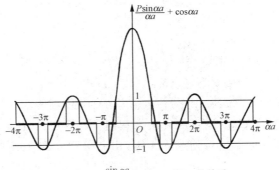

图 5-3　$P\frac{\sin\alpha a}{\alpha a}+\cos\alpha a$ 对 αa 的关系

定范围内的值才能满足非零解的要求,换句话说,系统满足要求的能量构成能带结构,如图 5-4 所示,能带之间的区域称为禁带.

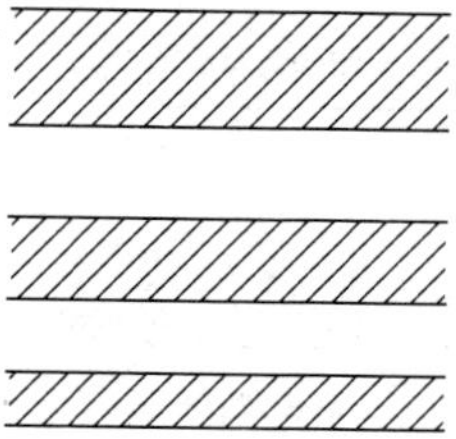

  这些能带是原子之间相互作用的结果.对于每个原子,电子束缚于原子的运动形成一些离散的能级.由于原子之间的相互作用,这些离散的能级分裂成一系列和原来能级很靠近的新能级,构成能带.对于 N 个原子组成的晶体,每个能带含有 N 个能级,原子中相同的电子就处于同一能带的各个能级上.由于泡利不相容原理(参见 4.3 节)不可能有两个或两个以上的电子处于同一状态,因此这些电子不可能同处于一个能带中的一个能级上,而是分别处于不同能级上,一个能级上可以有两个电子,它们的自旋方向相反.

图 5-4 晶体的能带结构

- **导体、绝缘体和半导体的区别**

  在电磁学中曾经说到导体中存在可以自由运动的电子,绝缘体中只有束缚电荷,这样解释导体和绝缘体的区别实在是极其粗糙的.这种解释不能说明导体、半导体和绝缘体的区别以及许多其他问题,因此需要一个更深入的理论,这个理论就是能带论,它能够成功地阐明导体、半导体和绝缘体的区别.如图 5-5,按照能带论,能带中所有状态都被电子充满时,称为满带,此时即使存在外电场,电子也没有导电作用.只有当能带未被充满,例如金属钠,共有 11 个电子,电子组态为 $1s^2 2s^2 2p^6 3s$,每个 3s 状态可以有 2 个电子,所以当 N 个原子组成晶体时,3s 能级过渡成能带.能带中有 $2N$ 个状态,可以容纳 $2N$ 个电子,但钠只有 N 个 3s 电子,因此能带是半满的.在电场作用下可以产生电流,这种未充满的能带称为导带.另一种导体的情形是满带与空的能带重叠,这样也形成导带.

  而半导体和绝缘体,从能带结构上来看是相似的,其能带由空的能带和满带构成.半导体的禁带较窄,为零点几 eV 到 2 eV,而绝缘体的禁带较宽,为几 eV 到十几 eV.在半导体情形,通常温度下电子的热运动可能使一些电子从满带越过禁带跃迁到空的能带上去,于

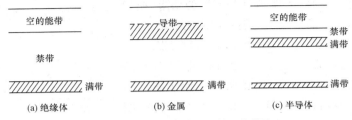

图 5-5　绝缘体、金属和半导体的能带图

是两者都成为导带,在外电场的作用下都具有导电能力.由于热激发的电子数目与温度成指数关系,因此半导体的电导率随温度的变化也是指数的,这是半导体的主要特征;而绝缘体的禁带宽度较大,满带中的电子可激发到空的能带上去的数目非常小,因而其电导率很小.

5.3　金属电导的量子理论

- 经典电子论关于金属电导说明中存在的问题
- 金属电导的量子理论

● **经典电子论关于金属电导说明中存在的问题**

经典电子论给出金属电导的一个微观图像(见本教程《电磁学》卷),金属中的离子实(由原子核和内层电子组成)构成晶格,金属中原子的外层电子可在晶格间自由穿行,这些自由电子好像气体中的分子一样,总是在不停地作无规热运动.在没有外电场的情形下,朝任何方向运动的概率都相同,不显示宏观的电流;在外加电场的作用下,自由电子在电场中获得加速度.由于自由电子与晶格的碰撞,其定向运动速度受到限制,它们在晶格间走一条迂回曲折的路径;这种碰撞损失的定向运动能量转化为晶格的热运动能量.这就是金属导电存在电阻以及电流热效应的微观机制.

经典电子论导出了欧姆定律的微分形式,给出了电导率 σ 与电子的平均速度 $\bar{v}$ 以及电子同晶格碰撞的平均自由程 $\bar{\lambda}$ 之间的关系,

$$\sigma = \frac{ne^2\bar{\lambda}}{2m\bar{v}}. \tag{5.19}$$

然而按经典物理,由于 $\bar{\lambda}$ 与温度无关,$\bar{v} \propto \sqrt{T}$,因此

$$\sigma \propto \frac{1}{\sqrt{T}} \quad \text{或} \quad \rho \propto \sqrt{T}, \tag{5.20}$$

这与大多数金属在常温以上电阻率 ρ 与温度 T 成正比的事实不符. 这是经典物理长期存在的一个根本性的困难.

- **金属电导的量子理论**

量子力学的发展解决了这个困难,它提供了金属导电的另一番图像. 考虑自由电子在严格的理想的周期性势场中运动,可以写出电子运动的定态薛定谔方程,并解出电子可保持处于本征态,电子具有一定的平均速度在理想的周期性势场中穿行. 这就是说电子在晶格中的运动不会与晶格碰撞,相当于电子与晶格碰撞具有无限长的平均自由程,也就是说电子不会受到晶格的散射,可以毫无阻碍地穿行于晶格. 因而严格的理想周期性势场中运动的电子没有电阻,相应的电导趋于无穷,这就是金属如此容易导电的原因.

实际的金属由于离子实在平衡位置附近作热振动,导致晶格对严格的理想周期性的偏离,这种偏离对于电子的运动而言,相当于电子波的传播遭遇到一些势垒,引起电子波的散射,这是导致金属具有电阻的一个原因. 另一个导致电阻的原因是晶格的缺陷、杂质的存在,它们也破坏了严格的周期性势场,使电子波的传播遭遇到一些势垒而产生电子波的散射.

根据这一图像可以计算电子散射的弛豫时间 τ,它相当于(5.19)式中的 $\bar{\lambda}/\bar{v}$,它与温度 T 成反比,这样就很好地说明了常温以上金属电导与温度的关系.

5.4 宏观量子现象

物理学家在研究微观粒子运动时发现了一些量子特性,例如微观粒子能量的量子化,微观粒子的波粒二象性,微观粒子对势垒的隧穿效应等等,这些特点的根源在于描述微观粒子的波函数具有相干性. 对于宏观体系则一般不具有这些量子特性,原因是宏观体系涉及

宏观数量的粒子,而且其空间尺度也远远大于德布罗意波长,因而波函数缺乏足够的相干性.然而在极低温度下,某些物质中的量子特性也可以在宏观尺度上显示出来,描述这些宏观体系的宏观波函数的相位具有宏观尺度上的相干性.最先认识到这一点的是英国物理学家伦敦(F. London),他在1935年指出"超导电性是在宏观尺度上量子力学现象的表现",超导电现象的本质是由于某种原因使导体中的电子发生"量子凝聚",凝聚态的多电子波函数可以在宏观尺度上保持相位相干.1957年巴丁(J. Bardeen)、库珀(L. N. Cooper)和施里弗(J. R. Schrieffer)共同创立了超导微观理论,称为BCS理论.按照BCS理论,处理晶格中的自由电子其实不是真正自由的,它们除了因带相同的负电荷而存在库仑排斥力之外,同时还存在通过晶格振动而传递的一种相吸作用,当两个电子的动量在数值上相等、方向相反且自旋方向相反,它们之间的相吸作用最强,超过它们之间的库仑排斥作用,因而出现净吸引作用,于是这两个电子就会束缚在一起形成库珀对电子,所有的库珀对电子又是相互紧密关联在一起.库珀对电子的平均距离可达宏观距离 10^{-3} cm.由于库珀对电子的动量相等相反,它们在运动中的总动量保持不变.在没有电流时,每个电子对的总动量为零;当通以直流电时,晶格若对其中一个电子产生散射作用,动量减小,则另一个电子动量就会增加,得失相当,总动量并未减小,所以库珀对电子根本不受晶格散射的影响.所谓电阻就是晶格对运动电子产生散射的结果,因此大量库珀对的定向运动就表现为直流电阻为零的超导态.超导态就是物质在极低温度下大量库珀对的有序凝聚态.这里的凝聚不是位置的凝聚,而是动量的凝聚.电子是费米子,两个电子形成的库珀对则是玻色子.库珀对的动量凝聚实质上就是玻色-爱因斯坦凝聚的表现,它是一种量子力学起源的统计关联.

除了超导电现象之外,其他如液氦中的超流,超导圆环中的磁通量子化现象,直接反映宏观波函数相干性的约瑟夫森效应,以及激光中受激辐射光子等,也都是宏观尺度上的量子现象.

5.5 凝聚态物理的新进展

前期,凝聚态物理的研究主要是研究晶态固体的各种物理性质、微观结构、粒子运动形态及其相互关系.所谓晶态固体是指原子数目众多并且在三个维度上长程有序地周期性排列;而静态的如少量杂质、缺陷和动态的如晶格振动导致的原子排列对理想周期性的偏离,归结为弱的无序,当作微扰处理.在这种框架下,应用量子力学的方法,晶态固体物理的研究取得极为丰硕的成果,使得它成为物理学中发展最快、规模最为庞大的分支.它解决了经典物理关于金属电导和热导长期以来留存的疑难;它揭示了固体电子态的能带结构,为尔后的半导体的发展提供了理论基础,导致晶体管的发明,随着集成电路的发展,计算机技术的日新月异,对社会各部门的影响都极为深远,人类获得巨大的利益;低温下超导电现象和超流现象的研究导致超导电现象的微观 BCS 理论建立,这对物理学的其他领域也产生深刻影响,它被誉为"自量子论发展以来对理论物理最有贡献的重要理论之一",在 BCS 理论基础上发现的超导结隧道效应开拓了超导量子干涉现象及其应用的新领域;固体物理的其他领域如晶格振动、固体相变、固体发光、固体磁性以及固体中的缺陷等的研究大大丰富了对固体的认识.

20 世纪中叶以来,凝聚态物理有了许多新的发展,这些新的发展开拓了新的研究领域,观察到新的现象,建立了新的概念和新的研究方法,开辟了新的广泛应用前景.

非晶态固体的研究是其中的一个方面.理想的晶体中所有原子均规则地按某种方式周期性排列称为长程有序,但是有些物质如普通玻璃其中的原子只与近邻其他原子之间相对地有近似规则的排列,而与较远的原子之间的相对位置就显得完全没有规则,这种排列方式称为短程有序.物质的短程有序、长程无序状态称为非晶态,如图 5-6 所示,天然石英是结晶态,石英受热熔解后再凝固而成为玻璃状非晶态,称为熔融石英.非晶态材料可分为非晶态聚合物、非晶态氧化物玻璃、非晶态金属和非晶态半导体四大类,其中前两类是非晶体电介质.非晶态材料具有独特的物理化学特性,非晶态电介质一般具有很高的耐电压强度,而且便于模塑成型;非晶态金属具有比一般金属都高的机械强度和弹性,硬度和韧性也很高,过渡金属(铁、钴、镍)为基质的合金玻璃具有优异的软磁性能、高磁导率和低交流损耗;与晶体半导体相比,非晶态半导体的特性使其制备工艺简单,易于做成大面积.它已经成为凝聚态物理和近代固体电子技术中最活跃的研究领域之一.非晶态固体的研究受到技术界的广泛重视,得到迅速发展,使之成为一大类重要的新型固体材料.

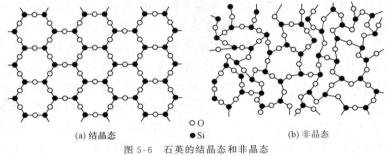

图 5-6　石英的结晶态和非晶态

　　非晶态固体的研究导致物理学家用新的眼光审视无序的影响,研究工作扩展到其他领域,逐渐形成对无序体系的深入探讨.

　　介观物理的研究是其中的另一方面.固体的尺寸不断减小,从宏观体系过渡到少量原子组成的微观体系是凝聚态物理面临的一个基本问题.对于体系尺寸远大于某一特征尺度的宏观体系和少量原子组成微观体系,人们已有较多的研究,理论上有比较成熟的处理方法;相对而言,对居间的细小体系了解还较少.研究表明,存在一个新的和电子非弹性散射紧密关联的、电子保持相位记忆的特征尺度 L_φ,称为相干长度.它就是区别宏观体系和介观体系的特征长度,尺度相当于或小于相干长度,即 $L \lesssim L_\varphi$ 的小尺度体系称为介观体系,其中包含 10^8—10^{11} 个原子,尺度约为 μm 量级.介观体系从尺度上来说基本上属于宏观范畴,可用宏观手段测量研究,但由于运动的相干性,测量结果却反映出量子力学的电子波动性,与微观体系相似.

　　图 5-7 是测量一段导线 PQ 的电导受磁场影响的实验布局和测

量结果.图 5-7(a)中与导线相连的 4 根引线分别用作电流和电压的探针,实验结果表明其电导随外加磁场而起伏变化.图 5-7(b)则为完全类似的样品,只是样品的一端附加了一个与导线相连接且处于电流路径之外的小环,其直径为 $0.7\ \mu m$.实验测量表明,其电导随外加磁场作不同的高频变化.从经典物理角度来看,实验结果是完全不可思议的,因为电流的路径根本不涉及附加环;然而根据量子干涉作用,电子由于其波动性完全可以进入小环弯道,与相反方向进入小环的电子波相遇发生干涉,从而影响电子出现的概率.再例如图 5-8 所示的一段导线,当电流在引线 1 与 2 之间流过时,竟能在引线 3 与 4 之间测到电压,虽然引线 3 与 4 是和电流路径上的同一点相连结的.实验还发现一段介观尺度导线的电压和电流的比值竟同电流的方向有关.所有这些现象都与量子干涉有关.介观体系的这种区别于经典物理的干涉现象,对于现今微电子学的元件尺寸已发展到介观范围具有正确引导的意义.

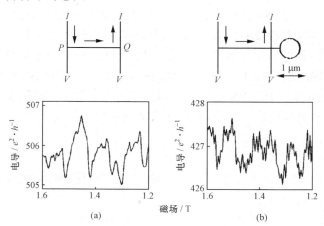

图 5-7 介观体系的量子相干性(一)

图 5-8 介观体系的量子相干性(二)

表面和低维固体的研究是其中的又一方面.从20世纪60年代起人们开始在超高真空条件下研究晶体表面的本征特性和吸附过程.通过粒子束和外场与表面的相互作用,获得有关表面的原子结构、表面电子态以及吸附物特征的信息,形成表面物理学.新的实验手段及分析方法已发展成为表面技术,广泛用于大规模集成电路监控和分析等领域.同体内相比,晶体表面具有独特的结构和物理化学性质.由于催化作用,金属的腐蚀都是发生于表面的过程.随着大规模集成电路的发展,特别是集成度的增加,表面起的作用也将更大,表面物理将更为受到重视.

早期对低维体系的研究主要是理论上的,有些三维情形难于求解的问题,在低维体系中可求得答案,这有助于对实际三维体系的理解.20世纪六七十年代实验上可得到各种低维体系,理论和实验的交互作用大大丰富和加深了认识,加上多方面应用前景的推动,使低维体系的研究成为凝聚态物理近年来取得重大进展的领域.低维固体包括层状结构和链状结构的物质以及微颗粒组成的固体,它们具有独特的物理性质和微观过程.层状结构化合物的主要特点是它的能带结构和电导率是各向异性的,平行于层面的电导率与垂直层面的电导率之比可达十万倍;链状材料具有准一维的结构,有的是导体,有的是半导体,也有的在一定压力下成为超导体,等等.低维导体还有一些其他独特的性质,它们在可能的应用上极富潜力.

习 题

5.1 什么是能带论?从能带论的观点来看,导体、绝缘体和半导体的区别在哪里?

5.2 经典电子论关于金属导电存在的问题是什么?按照金属电导的量子理论,金属的电阻来源于哪里?

5.3 宏观量子现象表现在哪些方面?在宏观尺度上显示宏观量子现象的实质是什么?

5.4 凝聚态物理有哪些新进展?简述之.

6 原 子 核

6.1 概述
6.2 原子核的组成和基本性质
6.3 核力
6.4 核结构模型
6.5 核的放射性衰变
6.6 核反应
6.7 核裂变和核聚变

6.1 概 述

原子核是核物理的研究对象.核物理的诞生可追溯到卢瑟福对 α 粒子散射实验的分析.根据 α 粒子的大角散射现象,卢瑟福指出原子中有一个比原子半径小得多的核,原子的全部正电荷以及几乎全部质量都集中在核上.从此原子结构的研究有了一个正确的出发点,而对原子核本身的探索也从此开始了.

人们探索原子核的组成,探索原子核内部的核力的性质和规律,探索原子核的结构,以及探索原子核的各种变化等等,取得了丰硕的成果.这些探索不仅发现了许多新的粒子,认识了新的物理规律,推动了物理理论和物理实验技术的发展,而且这些探索、研究凝聚的新认识解决了科学技术中长期悬而未决的重大疑难问题,并带来了科学技术别开生面的进展,例如核能的释放和利用,认识天体能量的来源和元素的起源,地质年代的探测和文物的考古,机件的探伤和病体的检查及治疗,食物的保鲜防腐和作物的品种改良,等等,核物理和核技术曾经成为国际上竞争十分激烈的科技领域.

原子核是原子分子之下的一个微观层次,它所涉及的能量为 MeV 量级,比原子分子的能量大 10^6 倍,这可以由不确定关系估算.

在 4.1 节估算了电子限制在原子尺度范围内的能量,也就是原子的能量为 $E_{原} \approx \dfrac{\hbar^2}{2m_e r^2}$,式中 r 为原子尺度,等于 0.1 nm;同样的估算,核子(质子或中子)限制在原子核尺度范围内的能量,也就是原子核的能量为 $E_{核} \approx \dfrac{\hbar^2}{2m_p a^2}$,式中 m_p 为质子质量,a 为原子核尺度,等于 3 fm,于是

$$\frac{E_{核}}{E_{原}} \approx \left(\frac{m_e}{m_p}\right)\left(\frac{r}{a}\right)^2 = \left(\frac{1}{1836}\right)\left(\frac{10^5}{3}\right)^2 \approx 10^6,$$

可见原子核层次和原子层次的能量差别,来源于核子与电子质量的差别和两个系统尺度的差别.

6.2 原子核的组成和基本性质

• 原子核的组成　　• 原子核的基本性质　　• 原子核的结合能

● 原子核的组成

原子核带正电,**核电荷数** Z 是该原子的原子序数.原子核的质量用原子质量单位 u(1 u＝1.660 538 782(83)×10^{-27} kg)来量度时,都很接近某个整数 A,这一整数叫做**核质量数**.各种原子核统称为**核素**,同一种核素具有相同的核电荷数 Z 和核质量数 A.在 1932 年中子发现之前,人们知道的基本粒子是电子、质子和光子.电子带一个单位负电荷,质量 $m_e = 9.10 \times 10^{-31}$ kg,自旋为 1/2;质子带一个单位正电荷,质量 $m_p = 1.007\ 276\ 470$ u$\approx 1836\ m_e$,自旋为 1/2;光子不带电,静止质量为零,自旋为 1.此外当时还知道 β 放射性是核放射电子.据此,人们曾将原子核看成是由 A 个质子和 $A-Z$ 个电子组成.但是很快发现这一看法与一些实验事实矛盾.前面 3.3 节指出它与不确定关系的矛盾;另外电子和质子的自旋都是 1/2,都是费米子,根据角动量理论,由 14 个质子和 7 个电子组成的氮核的自旋只可能是半整数的,因此氮核应是费米子,可是实际上氮核是玻色子.中子发现之后,中子不带电,质量 $m_n = 1.008\ 664\ 904$ u,自旋为 1/2,

人们很快确认原子核由质子和中子组成,氮核由 7 个质子和 7 个中子组成,因此上述矛盾不复存在. 一个电荷数为 Z、质量数为 A 的核素 X,由 Z 个质子和 $N=A-Z$ 个中子组成,记为 ^A_ZX. 质子和中子统称为**核子**,核的质量数 A 也就是核的核子数. 具有相同 Z 不同 A 的核素称为同位素,具有相同 A 不同 Z 的核素称为同量异位素.

- **原子核的基本性质**

由卢瑟福 α 粒子散射实验得知,核的大小不超过 10^{-14} m,进一步的高能电子对原子核的弹性散射等实验,测定原子核的半径可表示为

$$R = r_0 A^{1/3}, \quad r_0 = 1.2 \times 10^{-15} \text{ m} = 1.2 \text{ fm}. \tag{6.1}$$

由此可估算核的密度,

$$\rho = \frac{M}{V} = \frac{M}{\frac{4}{3}\pi R^3} = \frac{\frac{A \cdot 10^{-3}}{N_A}}{\frac{4}{3}\pi r_0^3 A} = \frac{3 \times 10^{-3}}{4\pi r_0^3 N_A}$$

$$= 2.3 \times 10^{17} \text{ kg/m}^3, \tag{6.2}$$

此值非常大,且与核的质量无关,即不同核素的密度很大,差不多相同,说明核中的核子是互相紧挨着的. 这种情形与液体中分子相互紧挨着很相似,是建立核的液滴模型的主要依据之一.

原子核具有自旋和磁矩. 原子核的自旋并不等于核子自旋的简单相加,说明核有复杂的结构. 核自旋的存在影响原子的能级结构,造成原子能级产生细小的分裂,从而造成原子光谱的分裂,这种分裂比原子内部电子自旋和轨道相互作用的精细结构分裂还要小,称为超精细结构. 从原子光谱超精细结构的测量中可以得知核的自旋. 实验测得的结果是: 所有的偶 A 核 (A 为偶数) 的自旋都是整数或零,其中偶偶核 (A 和 Z 都是偶数) 的自旋都是零; 所有奇 A 核 (A 为奇数) 的自旋都是半整数.

原子核的磁矩与原子核的自旋角动量联系在一起,原子核的磁矩比原子的磁矩小三个数量级. 质子的磁矩并不等于一个核磁子 $e\hbar/2m_p$,其中 m_p 为质子质量; 中子不带电,但具有一定的磁矩; 这

表明质子和中子还具有复杂的结构.

原子核还有电四极矩 Q. 有的核 $Q>0$，核为长椭球形；有的核 $Q<0$，核为扁椭球形；$Q=0$ 的核为球形.

- **原子核的结合能**

各种核素的质量并不等于组成该核的 A 个核子质量的总和，而是要小一些，两者的差值 $\Delta M = Zm_p + Nm_n - M_核$ 称为**质量亏损**，与质量亏损所联系的能量 $B = (\Delta M)c^2$ 称为该核的结合能. 结合能除以核的质量数 B/A 称为核的核子平均结合能，简称**平均结合能**. 实验测定各种核素的平均结合能如图 6-1 所示. 结合能表示将 Z 个质子和 N 个中子结合成核时要放出的能量；反之把核拆散成 Z 个质子和 N 个中子，则需要对每个核子提供平均结合能大小的能量，因此平均结合能的大小是该核稳定性的量度. 平均结合能越大，则核越稳定.

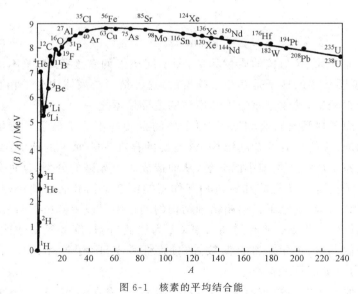

图 6-1 核素的平均结合能

其实，通常任意体系的质量均比其组成体的个别质量的总和要小些，分子的质量要小于原子质量之和，原子的质量也小于原子核与电子质量的总和. 它们的结合也会释放一部分能量, 只不过释放的能量和质量亏损很小. 例如, 一个质子和一个电子结合成一个氢原子要释放 13.6 eV 的结合能, 两个氢原子结合成氢分子释放的结合能是 4.476 eV, 通常原子核与电子结合成原子释放的结合能为 10 keV 量级.

从核素的平均结合能曲线图 6-1 可以看出, 中等质量核的平均结合能最大, 约为 8.6 MeV, 它们最为稳定; 重核的平均结合能要小些, 约为 7.7 MeV, 轻核的平均结合能也要小些, 并呈现明显的起伏, $^4_2$He, $^{12}_6$C 和 $^{16}_8$O 的平均结合能较大, 它们比邻近的其他核要更稳定. 核的平均结合能曲线的这些特征进一步告诉我们: (1) 把重核分裂为中等质量的核或把轻核聚合成平均结合能较大的核, 可以释放出能量, 这是核能利用的两条途径; (2) 对于大多数的核, 例如质量数大于 30 的核, 质量数变化颇大, 而平均结合能保持在 8 MeV 上下, 并不随核子数的增大而变化, 也就是说核的结合能与质量数成正比, 这显示了核力的饱和性, 下一节再作进一步讨论.

6.3 核 力

- 核力的一般性质　　　　・核力的介子理论

● **核力的一般性质**

在人们认识原子核之前, 只知道自然界存在两种力, 万有引力和电磁力. 容易估计在核范围内两个质子之间的万有引力只有 1.86×10^{-34} N, 电磁斥力有 230 N. 万有引力很小, 完全可以忽略, 而电磁力是斥力. 这就表明质子和中子之间一定还存在一种与电磁斥力相抗衡的力, 并把质子和中子紧密结合在一起形成密度高达 10^{17} kg/m^3 的原子核, 这种力就是核力. 从发现中子起, 人们就对核力开始了各种探索. 至今虽已积累了有关核力的大量资料, 但对核力的认识仍然是极不完整的, 可大致概述如下.

核力是短程的强作用力. 核力的作用距离(力程)很短, 只有 fm 量级, 超过 4～5 fm 核力已消失; 在 0.8～2.0 fm 范围内, 核力是较强

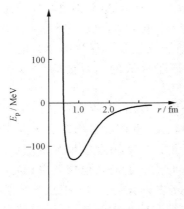

图 6-2 核力势能曲线

的吸引力,比电磁力大 137 倍,它克服质子之间的库仑斥力作用,使核子紧密结合在一起;在更短的距离内,核力为强排斥力,存在排斥芯,它阻止核子进一步靠近,从而保证核有一定的体积而不致于"坍缩".核力的势能曲线如图 6-2 所示.

核力具有电荷无关性.实验发现,质子-质子、中子-中子与中子-质子之间的核力都近似相同,即核力与核子所带的电荷无关.一个直接的实验事实是 ^{3}He 核和 ^{3}H 核之间结合能的比较结果. ^{3}He 有两个质子和一个中子,包含一对质子-质子作用和两对质子-中子作用, ^{3}H 有一个质子和两个中子,包含两对质子-中子作用和一对中子-中子作用.实验测得 ^{3}He 的结合能是 7.72 MeV, ^{3}H 的结合能是 8.48 MeV. 根据 ^{3}He 的质量数可算出氦核半径为 1.73 fm,由此可算出 ^{3}He 中两个质子的电磁作用能为 0.83 MeV,如果不计 ^{3}He 中的库仑斥力,只计及 ^{3}He 的核力部分的结合能应为 7.72+0.83=8.55 MeV,与 ^{3}H 的结果相近.核力的电荷无关性预示着质子和中子可以看成是同一核子的两种不同的带电状态,处于带正电状态就是质子,处于电中性状态就是中子.

核力是具有饱和性的交换力.除了轻核之外,原子核的平均结合能接近一个常数,因此结合能与质量数即核子数成正比,说明核内一个核子只与附近的几个核子有相互作用,而不是与核内所有核子相互作用,因为如果每个核子与所有的核子有相互作用,则共有 $A(A-1) \approx A^2$ 对相互作用,结合能应与 A^2 成正比,实际情形是结合能与质量数 A 成正比.核力的饱和性与分子共价键的饱和性类似,在分子共价键结合中,电子起中间交换媒介作用,把原子结合在一起.

核力还与相互作用的核子的自旋的相对取向有关,且含有非中心力的成分.

- **核力的介子理论**

如今物理学对于相互作用是这样认识的.相互作用不是超距作用,而是通过场相互作用的.场是量子化的场,量子化为场量子,因此相互作用是通过交换场量子而实现相互作用的.这种认识最先是从带电粒子的相互作用认识到的.两个带电粒子的电磁相互作用是通过交换电磁场的量子,即光子而相互作用的.一个电子不断地发射光子又不断地回收光子,一旦发射的光子被另一个电子所吸收,就实现了两个电子之间的相互作用.需要说明的是电子在发射和回收前后仍然是普通的电子,因而电子发射或吸收光子这部分能量是"无中生有"和"不翼而飞"的,看起来这与能量守恒不相容.然而实际可观察的过程都必须遵从不确定关系 $\Delta E \Delta t \geqslant \hbar$,于是反过来,$\Delta E \Delta t < \hbar$ 对应着不可观察的过程.对于不可观察的过程,出现能量守恒的偏离是允许的,这并不算是能量守恒遭到**实在**的破坏.因此这种电子发射或回收光子的过程称为"虚过程",所发射和吸收的光子称为"虚光子".这里所谓的"虚"不是不存在,而是不能被观测到.因此电磁作用是带电粒子不断发射和回收虚光子,通过交换虚光子而实现相互作用.据此这种虚光子存活的时间为 $\Delta t < \dfrac{\hbar}{\Delta E} = \dfrac{\hbar}{mc^2}$,式中 m 是光子的质量,在这段时间内,虚光子传播的距离是 $r = c\Delta t < \dfrac{\hbar}{mc}$.若取光子最小质量,即光子的静止质量为零,光子传播的距离为 ∞,这与电磁作用的长程性质是一致的.

1935 年日本物理学家汤川秀树把核力与电磁力类比,提出核力的介子交换理论.认为核力也是一种交换力.核子间通过交换某种媒介粒子而发生相互作用.与电磁作用情形类似,交换的虚粒子能量 $\Delta E = mc^2$,此虚粒子存活的时间 $\Delta t < \dfrac{\hbar}{\Delta E} = \dfrac{\hbar}{mc^2}$.即使粒子以光速传播,它所能传播的距离即核力的力程 r 也不过是

$$r = c\Delta t < \dfrac{\hbar}{mc} \quad \text{或} \quad mc^2 < \dfrac{c\hbar}{r},$$

若取核力的力程为 $r=2.0$ fm,可得交换粒子的质量 $m=100$ MeV/c^2,它大约是电子静质量的 200 倍;若取核力的力程为 $r=1.4$ fm,则有 $m=140$ MeV/c^2,大约是电子静质量的 275 倍,介于质子质量和电子质量之间,取名为介子.

汤川预言的介子到 1947 年才在宇宙射线中被发现,它们是质量为 $273.3\,m_e$ 的 π^+,π^- 介子,1950 年又发现了质量为 $264\,m_e$ 的 π^0 介子. 质子和中子间的作用可以是质子发射一个 π^+ 介子为中子所吸收,或者中子发射一个 π^- 介子为质子所吸收,其结果是质子和中子互相转化;类似地,质子和质子或中子和中子之间交换 π^0 介子而传递相互作用.

汤川理论进一步阐明了粒子之间相互作用的物理机制,对粒子物理的发展起着重要作用.然而物理学的发展越来越显示核力不可能简单地用核子之间交换 π 介子来解释:π 介子本身之间的强作用不可能是交换 π 介子;用 π 介子交换也不能很好说明高能质子-质子和质子-中子散射,等等,核力机制比汤川理论描述的要复杂得多,至今仍然是一个尚未解决的问题.

6.4 核结构模型

• 概述 • 液滴模型 • 壳层模型 • 集体模型

● **概述**

核结构取决于组成核的核子间的相互作用和运动规律.由于实验和理论方法的种种困难,至今对核力还不能作严格而全面的描述,因此对于核结构的研究主要还是采用"唯象"的方法,即在实验事实的基础上建立有关核结构的模型,再将由此得出的结果与更多的实验事实作比较,使之充实和完善.这种模型的研究方法是科学研究工作中不可缺少的,它往往成为新理论和实验研究的出发点.20世纪30年代认识到原子核是由质子和中子组成的以来,已经提出多种核结构模型.这些模型都能解释一定的实验事实,但不能说明另外一些事实;还没有一种模型能够统一说明各类实验事实.综合各种模型,可获得比较全面的原子核结构的物理图像. 下面介绍几种有影响的核结构模型.

- **液滴模型**

主要的实验事实依据是:(1) 核的密度为常数,核的体积正比于核子数,显示原子核基本上是不可压缩的;(2) 原子核的平均结合能大致是一个常数,即核的结合能正比于核子数,表明核力具有饱和性,核子只与邻近的几个核子有相互作用. 核的这些性质与宏观的液体非常相似. 据此,1937 年玻尔提出液滴模型,把原子核看成一个不可压缩的液滴,核子则看成液滴内的分子,原子核的激发看成液滴被加热,而液体的汽化热相当于单个核子的结合能,液滴的蒸发相应于核的自发发射,液滴分子热运动能量相当于核能,等等. 根据液滴模型可以得出与实际符合得很好的结合能半经验公式,从而解释原子核的有关性质;液滴模型的成功还在于它能解释原子核裂变的机制和说明一些同量异位素的稳定性.

液滴模型的不足是一方面它只适用于多核子的重核,对于只有少量核子的轻核不适用;另一方面它考虑的是核的整体情况和核子间的强耦合作用,反映核的某些平均性质,没有考虑核内各个核子独立运动的性质,不能给出个别核子的运动情况,因而不能解释核自旋、核磁矩等性质.

- **壳层模型**

原子核大量实验事实显示,随着核内质子和中子数增大,核的性质呈现某些周期性变化. 当质子数 Z 或中子数 N 分别为 $2,8,20,28,50,82$,以及中子数为 126 时,原子核显得特别稳定,在自然界中的含量也比相邻的核素更为丰富. 这些数称为"幻数",具有幻数的核称为幻核. 而质子数和中子数都为幻数的双幻核尤其稳定.

幻数的存在表明核内核子的分布与原子核外电子壳层结构有某种相似性. 当核外电子填满壳层时,即电子数 Z 为 $2,10,18,36,54,86$ 时,元素为惰性元素,其物理、化学性质特别稳定;电子在逐一填充各壳层时,使得原子的物理、化学性质周期性地变化. 由此形成核内核子壳层结构的思想.于是考虑每个核子处在其余 $A-1$ 个核子的联合作用下的球对称引力势场内作独立运动,可根据薛定谔方程解出符合标准条件的解;此外还考虑核子的强自旋-轨道耦合作用,可得到单核子的能级分布.核子按泡利原理逐一填充各能级时,可以得到与实际符合的全部幻数,并进而能很好说明核基态的自旋和宇称.壳层模型的不足在于对核电四极矩、核磁矩的定量说明同实验结果有较大的偏离,确定远离满壳层的自旋也有偏差,反映把原子核中的核子看成一群互不相关的粒子,各自在平均势场中运动的模型与实际情形尚有差别.

- **集体模型**

液滴模型把原子核当作一个整体看待,壳层模型则认为核内各粒子的运动是彼此独立的,两种模型代表了两种极端.但是事实上原子核既有核子彼此独立运动的一面,也有核子集体运动的一面.集体模型是在液滴模型和壳层模型的基础上发展起来的.它一方面考虑了核作为集体的转动和振动;另一方面考虑每个核子又在一个变动的非球对称的平均势场中作独立运动,两种运动相互影响.集体模型可以很好说明核的转动能级和振动能级,关于核的电四极矩、核磁矩以及 γ 跃迁概率的计算和实验值的符合程度也都得到明显的改善.

6.5 核的放射性衰变

- 放射性的发现
- 放射性指数衰变规律
- α 衰变
- β 衰变
- γ 衰变
- 穆斯堡尔效应

- **放射性的发现**

研究原子核放射性现象是认识原子核的重要途径之一.1896 年贝可勒尔(A. H. Becquerel)研究含铀矿物质的荧光过程中偶然发现铀的放射性.他将铀盐放在日光下照射,铀盐能放出某种射线,穿透黑纸使照相底片感光;然而再次实验前几天连续阴雨,天晴后检查和铀盐放在一起的用黑纸包着的照相底片时,意外地发现底片已感光了,它是由于铀盐放射线所致.这一新奇的现象吸引不少物理学家和化学家来研究,有哪些物质具有这种放射性,以及放射性物质及其射线的性质.人们逐渐弄清楚:(1) 放射性物质可以使气体电离,使照相底片感光和使某些荧光物质发出荧光,而且这种放射性与环境的温度以及物质的化学状态等因素无关,表明放射性过程是原子核内部发生的.(2) 放出的射线有三种,一种叫做 α 射线,带正电,具有最强的电离作用和感光作用,但穿透本领很小,在云室中留下短而粗的径迹;一种叫做 β 射线,带负电,电离作用较小,但穿透本领较大,在云室中的径迹细而长;还有一种叫做 γ 射线,电中性,穿透本领最大,电离作用最小,在云室中不留痕迹.进一步研究表明,α 射线放射的 α 粒子是电荷数为 2,质量数为 4 的氦核 $_2^4\text{He}$,β 射线放射的 β 粒子是电子,γ 射线是波长很短的电磁波.(3) 放射性物质放出 α 粒子或 β 粒子之后,核素的原子序数发生变化,衰变为另一种核素.衰变过程中电荷数和质量数守恒.(4) 随着核技术的发展,除了 60 多种较重的核素存在天然放射性之外,许多人工制造的同位素也具有放射性.除了上述三种放射性之外,还可以放射正电子 e^+,甚至有少数核素可自发放射质子.

- **放射性指数衰变规律**

　　核衰变遵从量子力学的统计规律.对于任一放射性核素,核发生衰变的精确时刻不能预言,但对于数目足够多的放射性核的集合,衰变规律是确定的,遵从指数规律.设 $t=0$ 时放射性原子核数目为 N_0,t 时刻尚存的放射性核的数目为

$$N = N_0 e^{-\lambda t}, \tag{6.3}$$

λ 称为**衰变常量**.将(6.3)式微分可得 $\lambda = \dfrac{-\mathrm{d}N}{N\,\mathrm{d}t}$,可见衰变常量表示放射性核在单位时间内发生衰变的概率,它描述了核衰变的快慢.通常还引入半衰期 $T_{1/2}$ 或平均寿命 τ 来描述放射性衰变的快慢.**半衰期**是指放射性核衰变掉原有数量的一半所需的时间.由于核衰变完全是偶然事件,有的核衰变早,它的寿命则较短,有的核衰变晚,它的

寿命则较长，对全部核的寿命作一平均，就得到确定的**平均寿命**. 根据衰变指数规律可得

$$T_{1/2} = \frac{\ln 2}{\lambda} = \frac{0.693}{\lambda}, \tag{6.4}$$

$$\tau = \frac{1}{\lambda} = 1.44\ T_{1/2}. \tag{6.5}$$

可见 λ 越小，半衰期和平均寿命越长，放射性衰变越慢. λ, T 或 τ 是放射性衰变的特征量，不同放射性核素，其值不同，它们常成为鉴别不同放射性核素的依据. 例如，$^{238}_{92}$U 的半衰期为 4.5×10^9 a(年)，$^{228}_{88}$Ra 为 5.7 a，$^{212}_{84}$Po 为 3.0×10^{-7} s，$^{14}_{6}$C 为 5730 a.

1908 年卢瑟福得出衰变指数规律时就意识到可以用放射性同位素的衰变来测定时间，从而逐渐形成了今天的同位素年代学，已广泛地用于考古学、地质学中确定文物的年代和岩层的地质年代，在天体物理学中估计天体的年龄. 在考古学中确定文物的年代采用的是 ^{14}C 鉴年法. 放射性同位素 ^{14}C 的半衰期 $T_{1/2} = 5730$ a. 由于宇宙射线中的中子同 ^{14}N 反应产生 ^{14}C：

$$^1_0 n + ^{14}_7 N \longrightarrow ^{14}_6 C + ^1_1 p,$$

和 ^{14}C 的衰变：

$$^{14}_6 C \longrightarrow ^{14}_7 N + ^{\ 0}_{-1} e,$$

两者相平衡，大气中 ^{14}C 的含量是相当稳定的，

$$^{14}C : ^{12}C = 1.3 \times 10^{-12}.$$

活着的生物新陈代谢，与大气交换时，体内 ^{14}C 与 ^{12}C 的含量比与大气中的一样，保持固定. 一旦生物体死亡，或文物制成，它们同大气的交换停止，^{14}C 的数量将因衰变而减少. 测出现时 ^{14}C 和 ^{12}C 的含量比就可知其年代. ^{14}C 鉴年法可测年限为 4.5 万年，精度为 100 年.

- **α 衰变**

α 衰变过程一般表示为

$$^A_Z X \longrightarrow ^{A-4}_{Z-2} Y + ^4_2 He.$$

母核一次 α 衰变放出一个 α 粒子，生成子核的原子序数减少 2，质量数减少 4，核在周期表中的位置向前移动了两格. 自发 α 衰变时母核

的静质量必须大于子核的静质量和氦核静质量之和,即衰变过程发生质量亏损 ΔM,相应的能量称为衰变能,它主要以 α 粒子的动能形式释放出来.有些核素放出的 α 粒子的动能可有几个不同的值,即母核有不同的衰变能,说明母核 α 衰变后生成的子核内部有不同的能级,其中最低能级是核的基态,其他的叫做激发态.也有的核素 α 衰变时可以从母核的不同能态跃迁到子核的基态.原子核的不同能态又称为同量异能态.

量子力学建立以后,α 放射性衰变得到合理的说明,受核力束缚于库仑势垒内的 α 粒子通过隧道效应,穿透势垒而发射出来,据此可说明核素的半衰期同 α 粒子的能量有强烈的依赖关系.

- **β 衰变**

β 衰变是核电荷数改变,核子数不变的核衰变.天然放射性同位素 β 衰变时,自发放射出一个电子,核电荷数增加 1,子核原子序数增加 1,在周期表上的位置向后移动一格.这种 β 衰变的条件是母核静质量大于子核静质量.衰变时有质量亏损 ΔM,相应的衰变能为 $(\Delta M)c^2$.衰变能主要表现为 β 粒子的动能.然而实际测量 β 粒子的动能却是连续分布的,其最大值等于衰变能.这个问题曾困惑过许多物理学家,有人甚至怀疑衰变过程中能量守恒遭到破坏,角动量守恒也不成立.1930 年泡利提出 β 衰变过程中除了放出一个电子外,还同时放出一个静质量比电子小得多、自旋为 1/2 的中性反中微子,从而说明了 β 衰变中电子能谱的连续分布现象和其他疑难.β 衰变一般表示为

$$^A_Z X \longrightarrow {}^A_{Z+1}Y + {}^0_{-1}e + \bar{\nu}_e.$$

1956 年实验直接证明中微子的存在.

原子核中原本不存在电子,β 衰变是由于原子核中的中子放出一个电子和一个反中微子衰变成质子的过程,

$$n \longrightarrow p + e + \bar{\nu}_e.$$

β 衰变还有其他类型.一种是放射性核放射正电子的 β^+ 衰变,同时放出一个中微子.这种 β^+ 衰变是核中质子过多,处于不稳定状态,质子放出一个 e^+ 和一个中微子,变成中子,

$$p \longrightarrow n + e^+ + \nu_e.$$

另一种称为"轨道电子俘获"(EC),核俘获核外一个电子,核中一个质子变为一个中子,同时释放一个中微子.

- γ 衰变

γ 衰变又称为 γ 跃迁. 原子核 α 衰变或 β 衰变后,子核处于能量较高的激发态,处于激发态的原子核是不稳定的,它将自发地通过发射 γ 射线跃迁到低激发态或基态. γ 跃迁时核的成分不变,即电荷数和质量数不变. 由于核能级的间隔较大,在 keV~MeV 的量级,γ 射线光子的波长比 X 射线的波长还要短. 另一种 γ 跃迁是内转换,它是原子核内的非辐射跃迁,原子从核能级跃迁中直接吸取能量而释放核外电子.

- 穆斯堡尔效应

穆斯堡尔效应又称为无反冲 γ 射线共振吸收现象,是穆斯堡尔(R. L. Mössbauer)1958 年发现的.

共振吸收现象是物理学中的普遍现象. 例如机械振动中的共振吸收会造成振动系统的破坏,声波的共振吸收与发射可产生"共鸣",电磁波的共振吸收是接收电磁波的重要方法,光谱学中的共振吸收是研究原子和分子能级结构的重要手段. 在所有这些共振吸收现象中,系统共振吸收的频率与系统辐射的频率相同. 人们预想原子核的 γ 辐射也应有共振吸收现象,核可以强烈吸收同类核素发射的 γ 射线,然而在相当时期内却观察不到,追究其原因是因为原子核辐射 γ 光子时的反冲引起的. 具体分析如下.

核能级 γ 跃迁遵从能量守恒,跃迁的能量差 ΔE 等于 γ 光子的能量 E_γ 与核受到反冲的动能 E_R 之和,即 $\Delta E = E_\gamma + E_R$,式中 $E_\gamma \gg E_R$;此外它还遵从动量守恒,反冲核的动量 p_R 与 γ 光子的动量在数量上相等,即 $p_R = p_\gamma = \dfrac{E_\gamma}{c}$,因此反冲核的动能

$$E_R = \frac{p_R^2}{2M_R} = \frac{E_\gamma^2}{2M_R c^2} \approx \frac{(\Delta E)^2}{2M_R c^2},$$

其中 M_R 是反冲核的质量.因此,考虑了核反冲,γ 跃迁中发射的 γ 光子的能量比 ΔE 小 E_R.同理,核吸收 γ 光子时,也会发生反冲,核获得同样大小的反冲动能,入射光子的能量应比 ΔE 大 E_R.于是对于同一激发态与基态之间的跃迁的 γ 射线发射谱线与吸收谱线的能量差为 $2E_R$.另一方面谱线具有一定的宽度.谱线的自然宽度 Γ 可根据不确定关系由能级寿命 τ 确定,$\Gamma \sim \dfrac{\hbar}{\tau}$.

对于原子辐射系统,原则上同样存在原子的反冲.然而原子能级差 $\Delta E \ll M_R c^2$,反冲能量 E_R 非常小,以致 $2E_R \ll \Gamma$,因此发射谱线与吸收谱线完全落在谱线宽度的范围内,两者基本上重合,如图 6-3(a)所示,从而实验上容易观察到共振吸收现象.而对于核辐射 γ 射线而言,核能级差 ΔE 很大,从而 $2E_R \gg \Gamma$,发射谱线和吸收谱线相隔很远,两者没有重叠部分,如图 6-3(b)所示,观察不到 γ 射线的共振吸收现象.

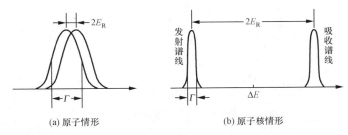

(a) 原子情形　　　　(b) 原子核情形

图 6-3　发射谱线和吸收谱线

穆斯堡尔想到一种消除反冲的方法非常简单,也很有效.他将发射和吸收 γ 射线的核置于固体晶格中,使它们受到固体晶格的束缚而成为一个整体,并将发射源和吸收体置于低温下,以减小热运动的干扰.这样遭受到反冲的就不是单个原子核,而是整块固体.由于固体质量相对说来很大,于是 $E_R \approx 0$,从而可有效地观察到无反冲 γ 射线共振吸收现象.

穆斯堡尔所用的实验装置如图 6-4 所示,放射源为 $^{191}_{76}\mathrm{Os}$,利用它 β^- 衰变为 $^{191}_{77}\mathrm{Ir}$ 后产生的 γ 射线 $E_R = 129 \text{ keV}$,吸收体为 $^{191}_{77}\mathrm{Ir}$ 晶体.冷却温度为 88 K.D 为计数器用以计数,测量吸收情况.转盘 A

的转速用来调节γ射线的能量.实验观察到当转盘不动($v=0$),强度衰减最大,共振吸收最强;速度增大,共振吸收减小,如图 6-4(b)所示.

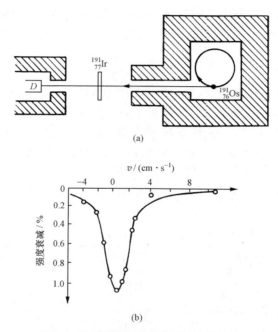

图 6-4 穆斯堡尔效应实验装置与实验结果

由于γ射线谱具有很高的能量,而谱线宽度很窄,因此γ射线谱的相对谱线宽度 Γ/E_γ 非常小. 例如

^{57}Fe,$E_\gamma=14.4$ keV,$\Gamma=4.6\times10^{-9}$ eV,$\Gamma/E_\gamma=3.2\times10^{-13}$;

^{67}Zn,$E_\gamma=93.3$ keV,$\Gamma/E_\gamma=10^{-15}$; ^{107}Ag,$E_\gamma=93$ keV,$\Gamma/E_\gamma=10^{-22}$;

Na 光谱 D 线,$\Delta E=2.1$ eV,$\Gamma=4.1\times10^{-8}$ eV,$\Gamma/E_\gamma=2\times10^{-8}$.

原来,由于 $2E_R\gg\Gamma$,发射谱线与吸收谱线很窄,且相隔甚远不能重合,而观察不到共振吸收现象,似乎是一个缺点,但如今认识并掌握了驾驭它的手段,窄谱线变成了其他任何谱线都难以比拟的非凡优点.只要发射核和吸收核因处于不同环境而产生极微小的差异,共振吸收就立即减弱甚至消失,换句话说,窄谱线对各种微小频率(能

6.6 核 反 应

原子核的放射性衰变是不稳定的核素在没有外界影响条件下自发发生的核变化过程,核反应则是在人工条件下用一定能量的粒子轰击原子核发生的核变化过程. 轰击的粒子可以是质子、中子、α粒子、γ光子或某种原子核;轰击粒子的能量可以低到不足 1 eV, 也可以高到几百 GeV. 能量低于 100 MeV 的称为低能核反应, 100 MeV~1 GeV 的称为中能核反应,高于 1 GeV 的称为高能核反应. 自从 1919 年卢瑟福用天然放射性核 ^{212}Po 放出的 α 粒子轰击氮核 $^{14}_{7}$N,使之转变为 $^{17}_{8}$O,记作

$$\alpha + ^{14}_{7}\text{N} \longrightarrow ^{17}_{8}\text{O} + \text{p} \quad \text{或} \quad ^{14}_{7}\text{N}(\alpha,\text{p})^{17}_{8}\text{O},$$

第一次实现了人工核反应,几十年里,利用加速器加速的粒子轰击, 已经完成了几千种核反应. 大多数核反应是靶核吸收入射粒子形成复合核,然后是复合核衰变而放射粒子的过程.

核反应过程遵守电荷守恒、核子数守恒、质能守恒、动量守恒、角动量守恒、宇称守恒. 有的核反应,反应前的静质量大于反应后生成物的静质量,反应过程释放能量,反应能 $Q>0$,称为放能反应;有的核反应,反应前的静质量小于反应后生成物的静质量,反应过程将吸收能量,反应能 $Q<0$,称为吸能反应. 对于吸能反应,并不是只要入射粒子具有 $|Q|$ 的动能就能引起核反应. 由于生成物还要占用一部分动能,因此根据能量守恒和动量守恒,要求入射粒子具有比 $|Q|$ 还要大的动能才能引起吸能反应,所需的最低动能称为吸能反应的阈能 E_{th}. 计算表明,阈能为

$$E_{\text{th}} = \frac{m_1 + m_2}{m_2} |Q|,$$

其中 m_1 为入射粒子的静质量,m_2 为靶核的静质量.

满足上述守恒定律的核反应都能以一定的概率发生.为了描述反应概率的大小,需要引入反应截面概念.设靶上单位面积的靶核数为 n,单位时间内入射粒子数为 I_0,单位时间内入射粒子与靶核发生反应的数目为 I,显然 I 同 I_0 和 n 的乘积成正比,比例系数为

$$\sigma = \frac{I}{I_0 n},$$

σ 表示一个入射粒子与一个靶核发生核反应的概率.σ 是入射粒子和靶核之间发生反应概率大小的量度,它具有面积的量纲,称为反应截面.反应截面常用的单位是靶(b),$1\,\text{b} = 10^{-28}\,\text{m}^2$.形象地可以对每一个靶核假想一个有效截面为 σ 且与入射粒子速度垂直的圆盘,当入射粒子和圆盘相碰时就会发生核反应;反之则不会发生核反应.反应截面与核的几何截面是不同的,反应截面可以大于几何截面,也可以小于几何截面.反应截面还与入射粒子的能量有关,它们之间的关系称为激发函数或激发曲线.实验上测量激发函数是一项重要工作,它提供有关核结构的重要信息.

通过核反应的研究,不仅发现了中子、反粒子,制备出众多的人工放射性核素和超铀元素,还提供了大量关于核结构及其性质的信息.

6.7　核裂变和核聚变

· 核裂变　　　· 核聚变

● **核裂变**

虽然某些核反应可释放很大的反应能,然而反应概率(反应截面)很小而得不偿失,因此人们原来相信,要从原子核反应中获取能量是在说梦话.可是 1938 年哈恩(O. Hahn)和斯特拉斯曼(F. Strassmann)确认重核铀被中子轰击后分裂为两个质量中等的核钡和镧,第一次发现核裂变现象之后,改变了人们的看法,从此打开了核能利用的大门.

经过研究,裂变的一般特征可简述如下.(1)裂变释放很大的

能量. 根据平均结合能曲线,重核每个核子的平均结合能为 7.7 MeV,中等质量核每个核子的平均结合能为 8.6 MeV,因此一个铀核分裂成两个中等质量核将释放能量

$$E = (8.6 - 7.7) \times 235 \text{ MeV} \approx 210 \text{ MeV},$$

其中主要部分为裂变碎片的动能,占 80%,其他为放出中子、γ 光子的能量以及裂变产物的 β^-、γ 衰变能. 如果有 1 克铀全部裂变,释放的能量约相当于 2.5 吨煤释放的燃烧热. (2) 裂变碎片的质量分布很广,一般两碎片的质量不相等. 例如,铀并不限于分裂为钡和镧,碎片可在 $30 < Z < 60, 72 < A < 162$ 的范围内,其中以 $A = 96$ 和 $A = 140$ 的概率最大,约占 7%,而分裂成质量相等两碎片的概率仅占 0.01%. (3) 裂变还直接释放中子(瞬发中子),裂变产物中仍含有过多的中子,它们是不稳定的,可通过发射中子(缓发中子)或一系列 β^- 衰变最后成为稳定核,因此裂变产物是具有放射性的物质. ^{235}U 核裂变时,平均放出 2.5 个中子,这些中子可导致其他铀核裂变,形成链式反应. (4) 对于不同的重核,中子引起裂变的反应截面很不一样. 动能不大的热中子引起 ^{235}U 裂变的反应截面很大,有 582.2 b,但它几乎不引起 ^{238}U 裂变. 它有效裂变反应截面只有 4.18 b. ^{238}U 吸收了中子,通过 β^- 衰变最后变成 ^{239}Pu(钚). 中子引发 ^{239}Pu 裂变的反应截面倒是很大的,达 742.5 b. ^{235}U 和 ^{239}Pu 是很好的核裂变材料.

裂变反应的机制最早由玻尔和惠勒用核的液滴模型予以说明. 中子被核俘获形成复合核,它处于激发态而发生集体振荡并改变形状,其中两种力量相互竞争,表面张力力图使其恢复球形,而库仑斥力力图使核形变增大,变得趋于椭球状并拉得更长. 这两种力量使得相应的表面能和库仑能合起来形成一个势垒. 只有当核的激发能大于势垒的顶点,才能使得形变增大,经历椭球形、哑铃形,最后断裂而发生裂变.

裂变反应具有重大的实用价值. 仅仅一个重核裂变释放的能量是微不足道的. 为了利用核能,必须使裂变反应连续不变地进行下去. 裂变反应同时放出中子是裂变连续进行的有利条件,只要每次裂变反应的中子增殖系数大于 1,就能够维持链式反应而释放大量能量. 具有一定体积的核裂变材料,由于自发裂变或因宇宙射线在空气

里残存的中子引发一次裂变,就能在百万分之一秒内引起激烈的链式反应,这一体积称为临界体积.通常核燃料的体积都制成小于能发生链式反应的临界体积,便于存放.未加控制的裂变反应装置即所谓的原子弹,将核燃料分装成两块或数块,使每块的体积都小于临界体积,而合起来大于临界体积.一旦通过普通炸药引爆,使它们聚拢,就能产生激烈的反应而爆炸.可控的裂变反应装置是原子反应堆.其中有核燃料浓缩铀或天然铀,有使快中子变成热中子的减速剂和吸收中子用以控制裂变反应速度的控制棒,另外还有阻止中子从堆中逸出的反射层,将裂变反应能量引出的冷却系统,防护对人体有害的放射性的保护墙以及供研究用的实验孔道.反应释放的能量通过冷却系统将水加热成高温高压水蒸气,可推动汽轮机发电,这种利用核能发电的方法已成为当今开发能源的重要途径.截止到 1994 年全世界已有 430 座裂变反应堆核电站,在 30 多个国家和地区运行,所提供的电力为全世界发电总量的 17%,我国目前有秦山和大亚湾两座核电站(未包括台湾的核电站),正在建设的有三门核电站、岭澳核电站和田湾核电站等.

裂变产物的强放射性是当今世界上造成放射性污染的重大问题,裂变反应控制和管理不善曾经产生过灾难性的后果.因此裂变反应的控制和管理以及核废料的处理仍然是当今核物理研究的重大课题.

- **核聚变**

轻核聚合成较重核的反应过程中释放大量能量.例如

$$^2_1H + ^2_1H \longrightarrow ^3_1H + ^1_1H + 4.0\,\text{MeV},$$

$$^2_1H + ^2_1H \longrightarrow ^3_2He + ^1_0n + 3.25\,\text{MeV},$$

$$^2_1H + ^3_1H \longrightarrow ^4_2He + ^1_0n + 17.6\,\text{MeV},$$

$$^2_1H + ^3_2He \longrightarrow ^4_2He + ^1_1H + 18.3\,\text{MeV}.$$

在这四种反应中共消耗 6 个 ^2_1H,释放 43.15 MeV,平均每个核子释放 3.6 MeV 的能量,约为裂变反应中每个核子释放能量的四倍;此外聚变反应的产物 ^4_2He 是非常稳定的同位素,没有放射性污染;而且聚变物质$_1^2$H在自然界蕴藏极为丰富,$_1^2$H占$_1^1$H的1.5×10^{-4},地球上海水极多,有10^{18}吨量级,可以说地球上$_1^2$H的蕴藏量几乎是用之不竭的.因此,轻核聚变是一种解决地球上终将枯竭的能源问题的理想途径,受到各界的广泛重视.

  为了实现轻核聚变,需要将$_1^2$H彼此靠近到短程的核力作用范围,必须先克服长程的库仑斥力做功.由此可估算出需要对每个氘核($_1^2$H)提供72 keV的能量.这一能量并不算大,如果采用加速器加速氘核来实现反应,反应概率太小,得不偿失;而如果采用热核反应方式,根据热运动平均平动能等于$\frac{3}{2}kT$,可估算出温度须高达5.6×10^8 K.考虑到粒子的热运动动能有一定的分布,有不少粒子的动能大于平均动能,而且粒子具有一定的概率穿透势垒,实现聚变反应的温度可降低到10^8 K.这仍然是非常高的温度,在此温度下,所有的原子都被完全电离成为等离子体.为了实现自持的聚变反应,除了须把等离子体加热到所需的温度外,还须使等离子体维持足够的密度,并且保持密度和温度有足够长的时间,这些在技术上较难实现.困难之一是需要一个特殊的容器来盛装如此高温的等离子体,并能隔绝等离子体与容器间的热交换以避免降温.

  目前已实现的未加控制的聚变反应是氢弹.它是利用裂变反应产生的高温点燃聚变物质重水或氘化锂.由于它没有临界体积的限制,其爆炸所释放的能量远大于原子弹裂变反应所释放的能量.可控的聚变反应还处于实验阶段.一种是磁约束,采用强磁场来约束等离子体,带电粒子在磁场中受洛伦兹力作用而绕磁力线运动,从而在垂直磁力线方向上被约束;并且等离子体可通过电磁场加热,所用的环形电流器称为托卡马克装置.另一种是激光惯性约束,用多束高功率的脉冲激光聚焦于聚变材料小球上,外层突然加热,形成温度和密度都很高的等离子体,并发生膨胀,挤压内层,使内层材料的温度和密度随之升高而发生聚变反应.这些实验研究已获得丰富成果,但离实用还有不小的距离.

  聚变反应也是太阳及恒星释放能量的来源.1938年贝特(H. A. Bethe)提出恒星能量生成的现代理论.恒星中能量生成有两种不

同的过程,一种叫做质子-质子反应,其中的反应有

$$^1_1H + ^1_1H \longrightarrow ^2_1H + \beta^+ + \nu,$$

$$^1_1H + ^2_1H \longrightarrow ^3_2He + \gamma,$$

$$^3_2He + ^3_2He \longrightarrow ^4_2He + 2\,^1_1H.$$

这一系列反应的总结果是将 4 个质子合成一个 ^4_2He,同时放出 2 个 β^+ 和 2 个中微子,并放出 26.7 MeV 的辐射能;另一种是碳氮循环,

$$^{12}_6C + ^1_1H \longrightarrow ^{13}_7N + \gamma,$$

$$^{13}_7N \longrightarrow ^{13}_6C + \beta^+ + \nu,$$

$$^{13}_6C + ^1_1H \longrightarrow ^{14}_7N + \gamma,$$

$$^{14}_7N + ^1_1H \longrightarrow ^{15}_8O + \gamma,$$

$$^{15}_8O \longrightarrow ^{15}_7N + \beta^+ + \nu,$$

$$^{15}_7N + ^1_1H \longrightarrow ^{12}_6C + ^4_2He.$$

在这个循环中,碳和氮起触媒作用,反应前后数量不变,其总结果是使 4 个质子聚合成一个 ^4_2He,同时放出 2 个 β^- 和 2 个中微子,并释放 26.7 MeV 的辐射能. 当恒星温度低于 1.8×10^7 K 时,以质子-质子反应为主,太阳的中心温度为 1.5×10^7 K,太阳现阶段生成能量的主要过程是质子-质子反应,占 96%. 在一些质量更大、温度更高又比较年轻的热星体中,碳氮循环是其能量生成的主要过程. 在恒星中,聚变反应释放的能量最初以 X 射线和 γ 射线的形式出现,经过多次的吸收和散射,它们才到达恒星表面,以光和热的形式发射出来.

习 题

6.1 原子核层次涉及的能量量级是多大? 如何得到?

6.2 原子核的平均结合能曲线图有些什么特点? 它告诉我们一些什么?

6.3 核力的一般性质是什么? 汤川核力介子理论的要点是什么?

6.4 简述核结构的液滴模型、壳层模型和集体模型.

6.5 原子核的放射性衰变有哪几种？具体的衰变规律有些什么？

6.6 简述同位素检测年代的基本原理.

6.7 穆斯堡尔效应是一种什么物理现象？

6.8 核反应过程遵从哪些守恒定律？

6.9 什么是阈能？它与反应能之间的关系是什么？

6.10 简述裂变反应和聚变反应.

7 粒 子

7.1 概述
7.2 相互作用与粒子分类
7.3 粒子的基本性质
7.4 夸克模型

7.1 概 述

研究粒子相互作用、相互转化以及粒子内部结构的物理学分支称为粒子物理. 粒子物理是在核物理中孕育、发展而分化出来的. 1932 年发现了中子,人们认识到原子核由质子和中子组成,从而得到一种所有物质都是由基本的结构单元构成的统一的世界图像. 质子和中子是原子核的结构单元;加上电子,它们是组成原子、分子的结构单元. 而光子是光波、无线电波及 X 射线、γ 射线这类物质的共同本原. 因此很自然地把质子、中子、电子和光子称为基本粒子,它们是构筑世界上万物的基本结构单元,一切物质都可以简单地还原为这四种基本粒子.

然而物理学的发展远比人们想象的要复杂得多. 中子发现之后不久,物理学陆续作出一系列重要的发现:

(1) 正电子的发现. 正电子概念首先是狄拉克(P. A. M. Dirac) (1930 年)在理论上提出来的,1932 年安德森在记录宇宙射线中发现,它与电子有相同质量,却带有相反的电荷,因此把它称为电子的反粒子. 现在已经弄清楚,各种粒子都有它对应的反粒子.

(2) 中微子的发现. 中微子概念首先是泡利(1930 年)说明原子核 β 衰变现象时提出来的,20 世纪 50 年代实验确凿地证实,它是原子核 β 衰变时同时放出的很轻的中性粒子.

(3) 介子的发现. 介子是汤川(1935 年)说明核力性质时从理论

上首先提出来而于 20 世纪 40 年代从宇宙射线中发现的,其质量介于电子和质子之间.首先发现的是 π 介子,其寿命很短,只有亿分之几秒.

这些新发现的粒子都不能看成是上述基本结构单元,但是它们的性质表现出与质子、中子、电子和光子等基本粒子同样的基本.加速器发明之后,通过带电粒子加速,与原子核的碰撞实验以及粒子衰变实验,发现了更多的新粒子.人们逐渐认识到基本粒子世界仍然很复杂,原来的四种基本结构单元只是其中的一小部分.于是 20 世纪中叶起,物理研究多了一个新的分支,这就是基本粒子物理.

随着加速器的能量提高,束流的强度增大,实验上也相继发明了新的强有力的探测手段,开始了新粒子的大发现时期,实验上观察到的基本粒子的数目已超过百种,而且发展的势头还有增无减,体现了基本粒子世界的极端复杂性,这使人们怀疑这些基本粒子的"基本性".基本粒子不是一个合适的名称,人们去掉"基本"二字,就称之为粒子,相应的研究领域称为粒子物理.人们不仅继续探寻新粒子,研究粒子的相互作用和衰变规律,还进而研究粒子的分类和组成.

粒子物理是原子核之下的一个微观层次,它所涉及的能量变化范围更大,一般为吉电子伏($1 \text{ GeV} = 10^9 \text{ eV}$)以上,因此粒子物理又称为高能物理.研究粒子的实验设备发展了越来越大的加速器,期望提供能量更高的粒子来作碰撞实验,研究粒子相互作用过程.目前碰撞粒子的能量已达 10^3 GeV.

进一步设计制造能量更高的加速器,耗资将更为巨大,这是人类难以承受的经济压力.然而宇宙生成于一次巨大的爆炸,初起的温度极高,相应的能量远远大于加速器加速粒子的能量.在温度极高的宇宙初起,不可能存在原子和分子,更谈不上恒星和星系,有的只是极高温的热辐射以及在其中时隐时现的正反轻子和正反夸克.如今天体物理学中宇宙大爆炸的种种遗迹正是宇宙初创时粒子反应过程重要信息的反映.因此早期的宇宙成为粒子物理的研究对象,研究尺度相差极大的两个物理学分支——粒子物理和宇宙学结合到一起.

7.2 相互作用与粒子分类

• 四种基本相互作用   • 粒子分类

● **四种基本相互作用**

按照现代物理,各种物质之间的相互作用可归结为四种基本相互作用:引力作用,电磁作用,弱作用和强作用.这些基本相互作用决定了物质中的一切过程.

(1) 引力作用. 一切具有质量的物体之间的相互作用,表现为吸引力,是长程力.其规律是牛顿的万有引力定律,更为精确的理论是广义相对论.在四种基本相互作用中它最弱,远小于电磁作用、弱作用和强作用,因此在微观现象的研究中通常可以忽略不计.但在天体物理研究中它起决定作用.如果不存在引力作用,地球上的物体都将飞离地球,地球和其他行星也都将飞离太阳,太阳、星座和星系均将不会存在.

(2) 电磁作用. 带电物体或具有磁矩物体之间的相互作用,也是一种长程力.目前电磁作用研究得最为清楚,其宏观规律总结在麦克斯韦方程组和洛伦兹力公式中,微观领域的理论是量子电动力学.其强度仅次于强作用,居四种相互作用的第二位.原子核和电子结合成原子,原子结合成分子,分子结合成凝聚态都是电磁作用,宏观的弹性力、摩擦力以及各种化学作用实质上也都是电磁作用的表现.如果不存在电磁作用,原子、分子、凝聚态都不复存在,以化学作用为基础的生命也不复存在.

(3) 弱作用. 最早观察到的原子核的 β 衰变是弱作用现象,凡是涉及中微子的反应都是弱作用过程.弱作用仅在微观尺度上起作用,其力程最短,强度在四种相互作用中排第三位.许多在强作用和电磁作用下的守恒定律在弱作用下遭到破坏,例如宇称守恒在弱作用下不成立.由于守恒定律与对称性之间有深刻的联系,而弱作用下许多守恒定律遭到破坏,因此通常说其对称性较差.目前已经建立起电磁作用和弱作用统一的理论.如果不存在弱作用,放射性现象不会存在;太阳会停止发光,因为太阳释放能量的过程要释放中微子,是弱作用过程;更为奇特的是,世界将不是仅有一种稳定的强子——质子,而是有许多稳定的奇异粒子和粲粒子,因为弱作用过程奇异数和粲数也都不守恒,奇异粒子和粲粒子可通过弱作用而衰变掉.

(4) 强作用. 最早认识到的质子、中子结合成原子核的核力属于强作用,后来进一步认识到强子是由夸克组成的,强作用则是指夸克之间的相互作用,而实验上观察到的核力则是夸克相互作用的剩余作用,它类似于分子间的范德瓦耳斯力,是复杂电磁作用的剩余作用. 强作用最强,也是一种仅在微观尺度上起作用的短程力. 在强作用下遵从守恒定律最多,因而说它具有最强的对称性,其理论是量子色动力学. 如果不存在强作用,那么就不会存在质子、中子、π介子等各种强子,从而也不存在原子核,代替的是飞来飞去的自由夸克.

四种基本相互作用的性质列于表 7.1 中.

表 7.1 四种基本相互作用的特征

作用类型	强 度	力程/m	特征时间/s	传递媒介
强作用	$1\sim 10$	10^{-15}	$10^{-20}\sim 10^{-24}$	胶子
电磁作用	$\dfrac{1}{137}$	∞	$10^{-16}\sim 10^{-20}$	光子
弱作用	10^{-9}	10^{-18}	$>10^{-13}$	$W^{\pm}$, Z^0
引力作用	10^{-38}	∞	—	引力子(?)

表中的特征时间是指该种相互作用引起粒子反应的时间.

● **粒子分类**

粒子是物质构成的一个层次,是原子核之下的一个层次. 随着实验和理论研究的进展,目前已发现的粒子,包括已被进一步的实验证实和尚未得到进一步证实的粒子,总共有 700~800 种. 粒子物理按它们参与的相互作用分类如下,这对于进一步研究是重要的向导.

(1) 轻子. 不参与强作用而参与弱作用和电磁作用的粒子,自旋均为 1/2. 现已发现的轻子有 6 种,e^-,ν_e,μ^-,ν_μ,τ^-,ν_τ,连同它们的反粒子共 12 种. 轻子在实验上均未显示其具有结构,其半径小于 10^{-18} m.

(2)强子. 直接参与强作用也参与弱作用和电磁作用的粒子,人们最熟悉的强子是质子和中子,现已发现的绝大多数粒子都是强子. 其中自旋为零或整数的强子称为介子,如 $\pi^{\pm}$,π^0,η^0,K 等,自旋为半整数的强子称为重子,如 p,n,Λ^0,Σ^0,$\Sigma^{\pm}$ 等. 实验显示强子具有明显的内部结构.

(3)规范粒子. 传递相互作用的粒子,传递电磁作用的粒子是光子,传递弱作用的粒子是 $W^{\pm}$,Z^0 粒子,传递强作用的是 8 种胶子,传递引力作用的是引力子. 目前实验尚未观察到引力子.

在已发现的粒子中,目前实验上还未观察到有衰变行为的粒子只有电子、质子、三种中微子及它们的反粒子,加上光子共 11 种,其他粒子都是可衰变的. 未观察到衰变行为的粒子是**真正的**稳定粒子(很可能质子不是稳定的粒子,大统一理论预言质子的衰变寿命为 10^{30} 年),而粒子的衰变实质上是通过某种相互作用转化为另外几个质量较轻的粒子. 弱作用引起的衰变称为弱衰变,弱衰变粒子的寿命较长,一般大于 10^{-13} s;电磁作用引起的衰变称为电磁衰变,电磁衰变粒子的寿命短一些,一般在 $10^{-20} \sim 10^{-16}$ s;强衰变粒子的寿命最短,一般在 $10^{-24} \sim 10^{-20}$ s. 粒子物理中根据粒子是否可以通过强作用衰变将粒子又分为两类,凡是不能通过强作用衰变的粒子,其寿命相对说来较长,称为"稳定"粒子;凡是可以作强衰变的粒子,其寿命相对说来较短,称为"不稳定"粒子或共振态. 大多数已发现的粒子都属于不稳定粒子.

7.3 粒子的基本性质

各种粒子分别有各自的内禀属性,这种内禀属性不随粒子产生的来源和运动状态而改变. 一切内禀属性的总和是判别粒子种类的依据. 体现粒子特征的这些内禀属性通常用一些物理量和量子数来表示. 这些量子数的引入是由于粒子反应或衰变时遵从一定的守恒定律. 随着粒子物理学的发展,人们对粒子的认识更加深入,引入粒子性质的物理量和量子数也逐渐增多.

(1)粒子质量 M. 指粒子的静止质量. 根据质能关系,粒子的能

量等于质量乘以 c^2，在粒子物理中通常用能量来表示质量，单位是 MeV。

（2）寿命 τ。绝大多数粒子都会自发衰变，因而具有一定的平均寿命。通常寿命都是指粒子静止时的平均寿命。

（3）电荷 Q。以质子的电荷（基本电荷）为单位。已发现的粒子的电荷总是基本电荷的整数倍。在一切粒子反应或衰变过程中电荷守恒。

（4）自旋 J。是自旋角动量的简称。粒子的自旋角动量 p 与自旋量子数 J 的关系是 $p=\sqrt{J(J+1)}\hbar$，其中 $\hbar$ 为约化普朗克常量。在粒子反应和衰变过程中遵从角动量守恒。

（5）宇称 P。宇称是指描述粒子的波函数在空间反射下的对称性。宇称有两种，一种是波函数空间反射下不变号，$\psi(r)=\psi(-r)$，称为偶（＋）宇称；一种是波函数空间反射下变号 $\psi(r)=-\psi(-r)$，称为奇（－）宇称。在弱作用下宇称不守恒。

（6）同位旋 I。核力与电荷无关性表明核中的质子与中子在强作用中的地位相当；另外，质子和中子的自旋相同，质量相近，仅所带的电荷不同。质子与中子如此相似，以致可以把质子和中子**看成**同一核子的两种不同状态，这种性质可以与"自旋"相类比，把它看成某种抽象空间中的"角动量"，称为"同位旋"。对于质子和中子，同位旋 $I=\dfrac{1}{2}$，同位旋第三分量 I_3 的两种取向 $I_3=1/2$ 和 $-1/2$，分别对应于质子和中子。π^+,π^0,π^- 看作同位旋为 1 的粒子，它们的 I_3 分别为 $1,0,-1$。

（7）奇异数 S。反映某些粒子协同产生、单独衰变，快产生、慢衰变性质而引入的量子数。这些粒子也称为奇异粒子。经研究弄清楚，这些粒子是通过强作用产生的，其衰变是通过弱作用衰变的。在强作用过程中奇异数守恒。

（8）重子数 B。区分重子和介子的量子数，也是区分重子和反重子的量子数。介子的重子数为零，而反重子的重子数与重子的重子数符号相反。粒子反应和衰变过程中重子数守恒。

（9）轻子数 L。区分轻子和其他粒子而引入的量子数。轻子数有三种，L_e，L_μ 和 L_τ. 粒子反应和衰变过程中，三种轻子数分别守恒.

反粒子的某些性质与通常粒子相反，具体地说，反粒子的质量、寿命、自旋和同位旋与粒子的相同，而电荷、重子数、轻子数、奇异数等相加性量子数与粒子的异号. 例如电子 e^- 的反粒子是正电子 e^+，e^- 的电荷 $Q=-1$，电子轻子数 $L_e=+1$；e^+ 的 $Q=+1$，$L_e=-1$. 质子 p 的反粒子是 $\bar{p}$，p 的电荷 $Q=+1$，重子数 $B=+1$；$\bar{p}$ 的 $Q=-1$，$B=-1$. 某些粒子的反粒子是它们自己，如 π^0，η^0.

表 7.2 给出部分稳定粒子性质一览. 表中粲数 C 是 1970 年以后根据实验事实提出来的一个量子数，它可用来说明粒子现象中某种弱衰变为什么不可能出现.

表 7.2 部分稳定粒子性质一览表

类别	粒子	质量 m/MeV	电荷 Q	自旋宇称 J^P	同位旋 I	同位旋第三分量 I_3	重子数 B	轻子数 L_e	轻子数 L_μ	轻子数 L_τ	奇异数 S	粲数 C	寿命 τ/s	反粒子
规范粒子	γ	0	0	1^-	0	0	0	0	0	0			稳定	γ
	W^+	80.2×10^3	$+1$	1^-										W^-
	Z^0	91.2×10^3	0	1^-										Z^0
轻子	ν_e	0	0	$\frac{1}{2}$			0	1	0	0			稳定	$\bar{\nu}_e$
	ν_μ	0	0	$\frac{1}{2}$			0	0	1	0			稳定	$\bar{\nu}_\mu$
	ν_τ	0	0	$\frac{1}{2}$			0	0	0	1			稳定	$\bar{\nu}_\tau$
	e^-	0.511	-1	$\frac{1}{2}$			0	1	0	0			稳定	e^+
	μ^-	105.66	-1	$\frac{1}{2}$			0	0	1	0			2.2×10^{-6}	μ^+
	τ^-	1776.9	-1	$\frac{1}{2}$			0	0	0	1			3.2×10^{-13}	τ^+
强子	π^+	139.6	$+1$	0^-	1	$+1$	0	0	0	0	0	0	2.6×10^8	π^-
	π^0	135.0	0	0^-	1	0	0	0	0	0	0	0	0.83×10^{-16}	π^0
	η^0	548.8	0	0^-	0	0	0	0	0	0	0	0	2×10^{-19}	η^0
	K^+	493.7	$+1$	0^-	$\frac{1}{2}$	$+\frac{1}{2}$	0	0	0	0	$+1$	0	1.24×10^{-8}	K^-
	K^0	497.7	0	0^-	$\frac{1}{2}$	$-\frac{1}{2}$	0	0	0	0	$+1$	0	8.92×10^{-11}	$\bar{K}^0$
	D^+	1869.4	$+1$	0^-	$\frac{1}{2}$	$+\frac{1}{2}$	0	0	0	0	0	$+1$	9.2×10^{-13}	D^-

(续表)

类别	粒子	质量 m/MeV	电荷 Q	自旋宇称 J^P	同位旋 I	同位旋第三分量 I_3	重子数 B	轻子数 L_e	轻子数 L_μ	轻子数 L_τ	奇异数 S	粲数 C	寿命 τ/s	反粒子
强子	D^0	1864.5	0	0^-	$\frac{1}{2}$	$+\frac{1}{2}$	0	0	0	0	0	$+1$	4.4×10^{-13}	$\overline{D}^0$
	p	938.3	$+1$	$\frac{1}{2}^+$	$\frac{1}{2}$	$+\frac{1}{2}$	$+1$	0	0	0	0	0	稳定 ($>10^{32}$ a)	$\bar{p}$
	n	939.6	0	$\frac{1}{2}^+$	$\frac{1}{2}$	$-\frac{1}{2}$	$+1$	0	0	0	0	0	898	$\bar{n}$
	Λ^0	1115.6	0	$\frac{1}{2}^+$	0	0	$+1$	0	0	0	-1	0	2.6×10^{-10}	$\overline{\Lambda}^0$
	Σ^+	1189.4	$+1$	$\frac{1}{2}^+$	1	$+1$	$+1$	0	0	0	-1	0	0.8×10^{-10}	$\overline{\Sigma}^+$
	Σ^0	1192.5	0	$\frac{1}{2}^+$	1	0	$+1$	0	0	0	-1	0	5.8×10^{-20}	$\overline{\Sigma}^0$
	Σ^-	1197.3	-1	$\frac{1}{2}^+$	1	-1	$+1$	0	0	0	-1	0	1.48×10^{-10}	$\overline{\Sigma}^-$
	Ξ^0	1314.9	0	$\frac{1}{2}^+$	$\frac{1}{2}$	$+\frac{1}{2}$	$+1$	0	0	0	-2	0	2.9×10^{-10}	$\overline{\Xi}^0$
	Ξ^-	1321.3	-1	$\frac{1}{2}^+$	$\frac{1}{2}$	$-\frac{1}{2}$	$+1$	0	0	0	-2	0	1.64×10^{-10}	$\overline{\Xi}^-$
	Ω^-	1672.5	-1	$\frac{3}{2}^+$	0	0	$+1$	0	0	0	-3	0	0.82×10^{-10}	$\overline{\Omega}^-$
	Λ_c^+	2284.9	$+1$	$\frac{1}{2}^+$	0	0	$+1$	0	0	0	0	1	2.3×10^{-13}	$\overline{\Lambda}_c^+$

7.4 夸克模型

• 强子结构初探　　　• 夸克模型　　　• "无限可分性"质疑

• 强子结构初探

随着粒子物理学的发展,发现的强子数目逐渐增多,物理学家开始怀疑这些众多的强子是否都是基本的. 1949 年费米(E. Fermi)和杨振宁,1955 年坂田昌一先后提出过强子的结构模型. 而 1956 年以高能电子轰击核子的实验显示核子内部有明显的电磁分布区,说明核子内部具有结构,表明探讨强子结构是摆在物理学家面前的重要课题. 1961 年盖尔曼(M. Gell-Mann)和奈曼(Y. Neeman)首先从强子的分类入手,将强子按相同自旋和宇称进行分类,得到一些以同位旋第 3 分量 I_3 为横轴,以超荷 Y (Y 为重子数 B 与奇异数 S 之和)为纵轴的对称几何图形,所属的强子处于几何图形的格点上. 这样的分

类构成 $J^P = \left(\frac{1}{2}\right)^+$ 重子八重态，$\left(\frac{3}{2}\right)^+$ 重子十重态，0^- 介子八重态，等等. 上面 J 为自旋量子数，P 为宇称，$J^P = \left(\frac{1}{2}\right)^+$ 表示自旋量子数为 $\frac{1}{2}$，宇称为正. 这些对称几何图形显示了强子结构的某些对称性质.

下面仅介绍 $J^P = \left(\frac{3}{2}\right)^+$ 重子十重态的对称图形，如图 7-1 所示. 当时上面的 9 个粒子均已发现，而最下面的粒子尚未发现. 1962 年盖尔曼根据图形预言该粒子 Ω^- 应具有下述性质：$Q=-1$，奇异数 $S=-3$，自旋 $J=\frac{3}{2}$，宇称为正，质量约为 1680 MeV. 1964 年实验上果然发现了理论预言的 Ω^- 粒子，其性质完全符合理论的预言，使理论获得判定性的检验.

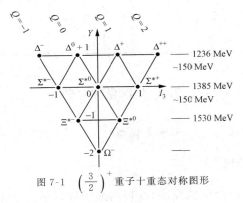

图 7-1 $\left(\frac{3}{2}\right)^+$ 重子十重态对称图形

- **夸克模型**

盖尔曼和奈曼的强子分类暗示着强子必定由更原始的单元组成，这些单元以有规则的方法结合在一起. 1964 年盖尔曼引入夸克（quark）概念作为其强子分类的物理基础，同年茨维格（G. Zweig）独立发展了类似的理论，他把原始单元称为爱司（ace）. 稍后我国物理学家提出类似的强子结构的层子模型. 到 20 世纪 70 年代，强子结构理论的发展以及直接显示强子内部结构的实验的进展，强子有内部

结构的观点普遍被接受,促进粒子物理进入新阶段,原来的夸克模型也有了很大的发展.按照强子结构理论:

(1) 强子是由更深层次的夸克组成的复合粒子.夸克有 6 种称为 6 味,取名为上夸克 u、下夸克 d、奇异夸克 s、粲夸克 c、底夸克 b 和顶夸克 t.它们的性质列于表 7.3 中.夸克的重子数和电荷为分数.每一味夸克都有相应的反夸克,夸克和反夸克的质量、自旋和同位旋相同,其他相加性量子数都异号.每一味夸克还有内部自由度分处于三种状态,借用色彩学上的意思称之为三色,每一味夸克可分别带红、蓝、绿三色;夸克与反夸克的色是互补的.

表 7.3　6 味夸克的性质

夸克	自旋	电荷	质量	同位旋	同位旋 z 分量	重子数 B	奇异数 S	粲数	底数	顶数
u	1/2	2/3	5.6 MeV	1/2	1/2	1/3	0	0	0	0
d	1/2	−1/3	10 MeV	1/2	−1/2	1/3	0	0	0	0
s	1/2	−1/3	200 MeV	0	0	1/3	−1	0	0	0
c	1/2	2/3	1.35 GeV	0	0	1/3	0	1	0	0
b	1/2	−1/3	5.0 GeV	0	0	1/3	0	0	−1	0
t	1/2	2/3	174 GeV	0	0	1/3	0	0	0	1

(2) 带电粒子之间的电磁相互作用来源于电荷,相互作用是通过交换光子来实现的,与此类似,夸克之间的相互作用来源于色荷,相互作用是通过交换胶子来实现的.与光子不带电不同,胶子带有色荷,胶子之间还可以有色相互作用.

(3) 从最低级近似来看,重子由三个夸克组成,介子由一个夸克和一个反夸克组成.例如质子 p 由两个上夸克和一个下夸克组成,记为 uud,中子 n 为 udd,Σ^+ 为 uus,Δ^- 为 ddd,Ω^- 为 sss,而 π^+ 介子为 u$\bar{\text{d}}$,π^- 为 d$\bar{\text{u}}$,K^+ 为 u$\bar{\text{s}}$,等等.色自由度是夸克内部的自由度,强子并不存在色自由度,因此由不同带色的夸克组成的强子应是无色的.于是组成重子的三个夸克应分别带红、蓝、绿色,组成介子的两个夸克必须是正、反夸克.上述这些夸克和反夸克通过交换胶子而相互作用,因此强子内部除了有上述这些夸克和反夸克之外,还存在胶子;

而胶子可转化为夸克和反夸克,夸克和反夸克又可湮没为胶子,因此强子内部还存在着数目全然未知的夸克反夸克对.通常把前一种夸克称为"价夸克",后一种称为"海夸克".强子中价夸克的味和数目完全确定,它们决定了该强子的种类和性质;而海夸克作为背景而出现,其数目多不可数,当强子高速运动而和其他粒子碰撞时,海夸克的贡献是不可忽视的.

(4)迄今为止,实验上没有直接观察到自由的夸克和胶子,这说明色相互作用具有"禁闭"的性质,也就是说,只有由夸克和胶子组成的无色系统才可以自由地单独存在,而带色的夸克和胶子只能存在于这个系统内部.按照现代粒子物理理论,夸克之间的色相互作用当间距减小时,作用很弱,是近乎自由的,而当间距增大时,作用增强,此称为"渐近自由".因此,要想把夸克从强子中拉开,所需的能量就越大,以至于在一个强子中将夸克拉开到分成单个夸克之前,能量大得足以产生出新的夸克,结果拉出的不是自由的夸克,而是一些强子.这就是夸克禁闭的原因.

- **"无限可分性"质疑**

长时期以来,有一种基于哲学思考的观点,认为"物质可以无限分割".这种观点在新的物理现实面前受到质疑.

什么叫"可分割"?通常的理解是整体在物理上可以分解为若干部分,部分的质量和几何尺寸小于整体.根据海森伯不确定关系,限制一个粒子的空间尺度,它则具有一定的动量;限制的空间尺度越小,它的动量则将越大.在 3.3 节中议论电子是否可成为原子核的组成部分时,我们已经作了说明.当粒子的动量增大到 $cp > m_0 c^2$ 时,它的运动便进入相对论区域.相对论性粒子在相互作用中不断转化,正反粒子对的产生和湮没不断地发生,每个粒子都失去它固有的"身份"而无法证认.因此随着研究物质层次的深化,将物质不断分割下去,我们迟早会遇到这种情形.实际的情形是用高能粒子轰击强子,试图从强子中打出自由的夸克,当能量还不够高时,强子中的夸克不断发生相对论性的转化;当能量足够高时,强子中产生新的夸克,打出的不是自由夸克,而是一些数量不完全确定的强子.

因此说"强子是有内部结构的复合粒子"是正确的,而说"强子是可分割的"则缺乏物理上的依据.

习 题

7.1 粒子层次涉及的能量量级是多大?

7.2 物质间的四种基本相互作用是什么?它们的基本特点是什么?如果不存在它们,我们的世界将是什么样子?

7.3 粒子分成几类?它们是按什么来分类的?

7.4 什么是"稳定"粒子?什么是"不稳定"粒子或共振态?什么是反粒子?

7.5 简述粒子的夸克模型.

8 宇　　宙

8.1　概述
8.2　宇宙膨胀与大爆炸
8.3　宇宙结局与暗物质

8.1　概　　述

　　宇宙,是指物质世界的总体.它是人类所面对的最巨大的研究对象,宇宙学所研究的就是这个物质世界总体的物理状况和演化过程.初想起来,地球上的物质已经十分繁杂,这包罗一切的巨大对象则是复杂到极点,如何来研究呢?

　　物理学在其研究发展中形成了一套行之有效的理论研究方法,那就是建立理想模型的方法,将复杂的实际客体中某些次要的因素忽略掉,仅保留其中的主要因素,使之成为可进行理论研究的简化模型.在力学中有质点、刚体、理想流体等模型,热学中有理想气体、范德瓦尔斯气体等模型,电磁学中有点电荷模型等等.理想模型的建立是理论研究得以顺利展开的契机,也是探索过程的灵魂.

　　爱因斯坦在 1915 年提出引力的一般理论,即广义相对论,在 1917 年他第一次把宇宙作为广义相对论的应用对象而尝试研究它,他为他的宇宙模型作了两点简化假设:(1)宇宙物质在空间上是均匀和各向同性的,今天人们把它叫做宇宙学原理;(2)宇宙物质的分布是不随时间变化的.在这两个假设下,他建立了静态宇宙模型,而弗里德曼(A. Friedmann,1922)和勒梅特(G. Lemaitre,1927)在宇宙学原理的基础上则得出动态的膨胀宇宙模型.爱因斯坦的静态宇宙模型有悖于后来天文学发现的宇宙存在膨胀的迹象,而弗里德曼和勒梅特的膨胀宇宙模型成为当今标准宇宙模型的雏形.

　　这里存在一个问题,爱因斯坦当初提出宇宙学原理只是一个猜想,并没有充分的事实根据,他只是把它当作一个方便的工作假设,后人效仿沿用.如果宇宙不是均匀且各向同性的,根据宇宙学原理得出的结论则变得毫无意义,因此宇宙学原理是否符合事实一直是宇宙研究中的基本问题.

首先要明确的一点是"均匀性"乃是一个宏观概念.一盒子气体被认为是均匀的,意指在盒子的不同地方,同等大小的体元内有相等的质量.由于气体有微观结构,即它是由分子所组成,因此若把体元大小取得与分子可比拟,则不同地方体元内的质量不可能相等.所以体元必须取微观大宏观小的体元,才能辨别气体的均匀与否.现在把这一概念用到宇宙学来,考查宇宙的均匀性则是一个宇观概念.

然而气体与宇宙有一重要区别,气体分子间相互作用的是短程力,当分子间的平均距离超过力程,由于分子的空间分布完全是随机的,体元内质量对平均值的偏离将随体元尺度增大而指数降低;而宇宙的星系之间相互作用的是长程的万有引力,星系的分布不是随机的,体元内质量对平均值的偏离不会随体元尺度增大而迅速降低,只会缓慢地下降.只要上述偏离随体元尺度的增大而减小并趋于零,就可以认为整个宇宙星系的分布是均匀的.

后来巡天观测资料表明,随着体元尺度由 10 Mpc[①] 增大到 60 Mpc,体元内的质量对平均值的偏离由 1 降到 10% 左右,这对宇宙学原理是一个有力的支持.更强的证据来自对微波背景辐射的观测分析,我们就不再深入探究了.

8.2 宇宙膨胀与大爆炸

- 宇宙膨胀的发现和宇宙大爆炸的提出
- 宇宙的热演化和大爆炸的观测支持
- 甚早期宇宙的暴胀

---

① Mpc:百万秒差距的缩写符号.Mpc 是天文学中量度天体距离的单位,主要用于太阳系以外较远距离星系之间的距离,1 Mpc$=3.2616\times 10^6$ 光年$=3.0857\times 10^{19}$ km.

• 宇宙膨胀的发现和宇宙大爆炸的提出

关于宇宙起源和演化的问题历来困扰着人们,与之有关的另一个困扰问题是宇宙在空间上究竟有限还是无限.宗教界和哲学家也都思考宇宙的起源和有限无限问题.然而不可能依靠事实,而仅凭思辨得来的种种信念和猜测存在着一些根本的矛盾,争论了数百年,没有什么结果,也不可能有什么结果.现代,宇宙起源问题和有限无限问题已成为可用观测与理论的相互比较,以判断是非的问题了.1917 年爱因斯坦在他建立广义相对论之后,即对宇宙作了人类科学史上第一次伟大的考察,提出第一个静态有限无边的宇宙模型,然而静态宇宙模型不可能是稳定的.1922 年弗里德曼和 1927 年勒梅特解引力场方程,得到动态宇宙模型,宇宙或者无限制膨胀下去,或者膨胀到一定程度转为收缩.

20 世纪 20 年代斯里弗(V. M. Slipher)观测远处星系(当时还以为它们是银河中的一些星云)的光谱波长的移动,他发现多数星系发出的光谱发生红移,仅少数有蓝移.如果把这种波长的移动归因于光源运动的多普勒效应,那么多数星系有光谱红移意味着多数星系在向我们远离的方向上退行.1929 年哈勃(E. P. Hubble)把这种退行红移的测量与星系的距离测量结合起来,总结出一条经验定律,星系退行速度与它的距离成正比,即

$$v = H_0 r,$$

这一经验定律后人称为**哈勃定律**,式中的比例系数 H_0 称为哈勃常量,现今的测定值为 $H_0 = 67 \text{ km}/(\text{s} \cdot \text{Mpc}) = 205$ 千米$/($秒·千万光年$)$,即离我们 1 千万光年的星系,其退行速度约为 205 千米$/$秒.它提供了一幅宇宙正在膨胀的图景,推动了膨胀宇宙的广泛研究.

1948 年伽莫夫(G. Gamow)等人结合当时核物理的知识,提出宇宙大爆炸理论,认为今天看到的宇宙膨胀逆着时间追溯回去,则起始于一次猛烈的大爆炸.需要说明的是,这一大爆炸不是空间内某一点的一次爆炸,而是整个宇宙中的大爆炸,空间和时间也随之产生;而且通常的爆炸是有一个中心的,而宇宙的大爆炸是没有中心的.从宇宙的任一处来看,宇宙的各点都是在相互远离;爆炸后的膨胀也是

如此. 可以将宇宙的爆炸比喻为烤制蛋糕的膨胀,如图 8-1 所示,蛋糕在烤制过程中其任意两点之间的距离,即蛋糕上任意两颗果仁之间的距离都在增大.

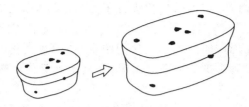

图 8-1 烤制的蛋糕在膨胀

根据宇宙大爆炸理论,宇宙存在一个起点,也就是说宇宙存在一定的年龄. 由哈勃常量可以大致估算宇宙年龄的上限,现今宇宙所到达的范围是宇宙大爆炸之后从宇宙集中时到现在膨胀的结果. 如果忽略宇宙物质之间的万有引力作用,则膨胀是匀速的,因此由哈勃定律,宇宙膨胀的时间也就是宇宙存在的年龄为

$$t_0 = \frac{r}{v} = \frac{1}{H_0} = \frac{3.0857 \times 10^{19}}{67} \cdot \frac{1}{3.15 \times 10^7} \text{y} = 1.46 \times 10^{10} \text{ y},$$

其中用到 1 y(年) $= 3.15 \times 10^7$ s. 如果计入宇宙物质之间的万有引力,它对宇宙的膨胀起减速作用,早期的膨胀速度应比后来的膨胀速度更大些,从而计算的宇宙年龄要小些,也就是说 146 亿年是宇宙年龄的上限.

哈勃当初测量的星系距离有错误. 1931 年首次定出哈勃常量的值为 500 km/(s·Mpc),导致宇宙年龄只有 2×10^9 年,这比用放射性同位素方法估测的并不算古老的恒星太阳的年龄 5×10^9 年还要小,因此学术界并不相信宇宙膨胀学说. 20 世纪 50 年代末改正了哈勃常量的值,肯定了 H_0 值在 50—100 km/(s·Mpc)之间,宇宙年龄在 100—200 亿年之间,这样就没有明显的矛盾,但是还不足以使宇宙膨胀理论赢得学术界的信任. 10 年以后,微波背景辐射的发现,才成为宇宙学发展史上的转折点.

- **宇宙的热演化和大爆炸的观测支持**

以量子力学为基础的原子物理、核物理和粒子物理的发展，由此积累的丰富知识为宇宙的演化提供了可靠的理解。几十年来大爆炸宇宙理论不断丰富完善，形成大爆炸标准宇宙模型。它提供了宇宙从大爆炸开始到现在的一幅热演化的图景。这幅热演化的图景对于大爆炸 10^{-2} s 以后提供了清晰的图像，并且得到天体物理观测的很好支持。

大爆炸之后 10^{-2} s，宇宙的温度约 10^{11} K，热运动的能量为 $kT \approx 10$ MeV，它远大于电子和正电子的静能 0.5 MeV，因此光子可以容易产生电子和正电子对，电子和正电子对也容易湮没为光子。这个时期的宇宙以辐射为主，宇宙中主要的成分是电子、正电子、光子、中微子、反中微子等，宇宙中还有少量核子，大约 10 亿个光子或电子或中微子有一个质子或中子。中子虽然比质子重 1.29 MeV，但在 10^{11} K 高温下，它们的丰度差不多相等。这些核子虽然有可能结合成原子核，然而由于破坏一个原子核所需的能量远小于 10^{11} K 温度下粒子的热运动能量量级 10 MeV，因此复合原子核一旦形成便立即被摧毁。

随着宇宙膨胀，温度下降。大爆炸之后约 1 s，宇宙的温度下降为 10^{10} K，热运动能量为 $kT \approx 1$ MeV，为电子静能的 2 倍，相对说来电子正电子对湮没较为容易些。由于宇宙密度和温度下降，中微子和反中微子的平均自由时间增加，不再和电子、正电子、光子同处于热平衡中，中微子脱耦，成为自由粒子，另外宇宙中的少量中子和质子仍不能结合成原子核，但稍重一点的中子转变为较轻的质子比相反的过程更容易些，结果宇宙中的中子占 24%，质子占 76%。

大爆炸之后约 10 s，宇宙温度降为 3×10^9 K，$kT \approx 0.3$ MeV，小于电子的静能。电子、正电子消失，不再成为宇宙的主要成分。电子正电子对湮没所释放的能量减慢宇宙温度的冷却。在此温度下中子和质子可以通过形成 ^{2}H 和 ^{3}He 核，再结合一个中子而形成 ^{4}He。然而 ^{2}H 和 ^{3}He 结合得比较松弛，容易碎裂，因此 ^{2}H 形成之后便又很快碎裂，从而较重的原子核仍然没有形成的机会。

到 3 分钟,宇宙的温度降为 10^9 K,电子和正电子已经大部分消失,现在宇宙的主要成分只剩下光子、中微子、反中微子了.宇宙已冷得足够使 ^{2}H 核和 ^{3}He 核以及通常的氦核保持稳定,但 ^{2}H 核仍不能维持一个足够长的时间,因此形成较重的核不能有可观的数量.中子的平均寿命为 898 s,中子的衰变开始变得重要,每过 100 s,中子中有 10% 衰变为质子,结果中子占 14%,质子占 86%.稍后一点到 3 分半钟,中子衰变已使中子-质子的平衡点移到中子占 13% 和质子占 87%.此时温度下降使氘核可稳定形成,剩下的中子都可直接组合到氦核中去了,因此造成氦的丰度为 26%,其余的质子则只能成为氢核了.人们很早就注意到在地球上氦很少,而在天体范围内,氦丰度高居第二(氢丰度占第一位),在许多不同类型的天体上有大致相同的氦丰度,其值在 0.25—0.30 之间.原来试图用恒星形成后其中的热核反应生成加以解释,结果相差很远,这成为天体观测中的氦困难.然而天体观测结果与上述宇宙形成的原初核合成的结果符合得很好.这是宇宙大爆炸的一个重要的观测支持.

宇宙继续膨胀和冷却,到约 10^{12} s(约几十万年),温度降为 4×10^3 K,自由电子和核可以组成稳定原子;与此同时,原子和光子变成没有热耦合的两种独立成分.由于自引力的不稳定性,以后原子气体靠引力作用结团形成恒星和星系,而恒星和星系演化,其中的核聚变过程产生更重的原子核,而宇宙的重元素的产生则是恒星演化到后期发生超新星爆发中产生的;脱耦的光子气体叫做宇宙背景辐射,是黑体辐射.随着宇宙膨胀,背景辐射温度不断下降,到现在温度相当于 2.7 K,这是大爆炸的又一重要遗迹.1964 年彭齐亚斯(A. Penzias)和威耳孙(R. W. Wilson)利用灵敏的射电天线偶然发现,天区存在一种各向同性的均匀的射电噪声构成的背景辐射,以后的观测表明它确实是黑体辐射,相应的温度为 2.735 K.这是宇宙大爆炸的另一个重要的观测支持.

- **甚早期宇宙的暴胀**

宇宙更早期,即大爆炸 10^{-2} s 之前的演化是怎样的,这是物理学家正在研究的前沿问题之一.虽然已经提出一些看法,但是其科学基础远不及上面谈到的大爆炸 10^{-2} s 之后的论题那么牢靠. 由于那时所对应的粒子能量远远超过直接观测到的结果,因此只能根据理论思想来建立数学模型.

我们不能从 $t=0$ 时刻讨论起,因为说"宇宙在 $t=0$ 时刻从高温高密度的奇点状态爆发出来",这是经典物理的概念,不符合量子物理的基本原理. 根据不确定原理,能量和时间不能同时确定,仅从这一点,还不排斥时间可以完全确定. 要时间完全确定,其代价是能量完全不确定. 但是根据广义相对论,时钟速率在引力场中的不同位置是不一样的,因此原则上不可能精确地确定时间,时间的这个测量精度限制可以用普朗克常量 $\hbar$、真空光速 c 和引力常量 G 这三个基本常量组成的一个时间量纲的量来表示,

$$t_P = \left(\frac{\hbar G}{c^5}\right)^{1/2} \approx 5.39 \times 10^{-44} \text{ s} \approx 10^{-43} \text{ s},$$

t_P 称为普朗克时间,其含义是,我们用任何办法也不可能造出一种"钟",它可以测量小于 t_P 的时间. 因此我们也就无从知晓 $t=0$ 之后 10^{-43} s 内宇宙的情况,只能讨论大爆炸开始 10^{-43} s 以后宇宙的情况.

物理学家们认为在大爆炸开始之后 10^{-43} s,温度 $T=10^{32}$ K,能量 $E=10^{19}$ GeV,只有正反夸克、正反轻子和规范粒子,今天作用强度差别很大的粒子间的四种相互作用在如此高能量下统一为只有一种超统一相互作用,以后随着宇宙膨胀,温度降低,超统一相互作用逐级发生真空相变,造成对称性的自发破缺. 就在 $t=10^{-43}$ s 发生对应于超引力的真空相变,引力分离出来;到 10^{-35} s,宇宙膨胀温度降至 10^{28} K,能量为 10^{15} GeV,发生了对应于大统一的真空相变,夸克之间色相互作用开始与弱电作用显示出差别;到 10^{-10} s,温度降至 10^{15} K,能量为 10^2 GeV,发生了对应于弱电统一的真空相变,弱作用与电磁作用显示出区别,从而形成今天物理学中所熟悉的强作用、电磁作用、弱作用和引力作用四种强度非常不同的相互作用. 到 10^{-6} s,温度再降低到 10^{13} K,能量为 1 GeV,夸克结团成质子和中子一类的强子,它们是宇宙中的少量成分.

在大统一的相互作用破缺,色相互作用与弱电作用显示出差别

时,宇宙发生了一次暴胀,在极短暂的时间内,宇宙膨胀了 10^{43} 倍.它可以说明某些甚早期的宇宙疑难,如视界疑难,星系形成疑难和平坦性疑难,等等.

8.3 宇宙结局与暗物质

如今宇宙还在继续膨胀着.至于宇宙演化的结局究竟如何,标准模型给出两种可能命运,这取决于宇宙的平均密度是大于还是小于某一个临界密度.临界密度的值可以如下估算.考虑宇宙中一个半径为 R 的由星系组成的球体,该球体的质量 $M = \frac{4}{3}\pi R^3 \rho$,$\rho$ 为宇宙密度.在球面上质量为 m 的任何星系的势能为

$$E_\mathrm{p} = -\frac{GmM}{R} = -\frac{4\pi m R^2 \rho G}{3}.$$

式中 G 为万有引力常数.星系的速度由哈勃定律 $v = H_0 R$ 给出,星系的动能为

$$E_\mathrm{k} = \frac{1}{2}mv^2 = \frac{1}{2}mH_0^2 R^2.$$

于是星系的总能量为它的动能和势能之和

$$E = E_\mathrm{k} + E_\mathrm{p} = mR^2 \left[\frac{1}{2}H^2 - \frac{4}{3}\pi\rho G\right],$$

总能量在宇宙膨胀时保持守恒.

如果总能量为负,星系受到引力的束缚,不可能逃逸至无限远;相反地,如果 E 为正,则星系可以逃逸至无限远而还有剩余动能.这样星系刚好能逃逸至无限远应该是 $E=0$,即

$$\frac{1}{2}H_0^2 = \frac{4}{3}\pi\rho G,$$

换言之,宇宙的临界密度为

$$\rho_\mathrm{c} = \frac{3H_0^2}{8\pi G} = 4.5 \times 10^{-27} \text{ kg/m}^3.$$

如果宇宙的平均密度 $\rho_0 \leqslant \rho_\mathrm{c}$,则宇宙是开放的,无限的,它将永远膨胀下去;如果宇宙的平均密度 $\rho_0 > \rho_\mathrm{c}$,则宇宙是封闭的,有限的,

由于引力的作用,宇宙膨胀终将停止,接着依循膨胀的逆过程而加速收缩.

关于宇宙平均密度 ρ_0 的测量目前还没有结果.根据星体发光的光度估算的宇宙平均密度约为 $0.06\rho_c$;然而宇宙中还可能有很多不发光的物质,如不发光的行星,暗淡的小恒星,冷却了的白矮星和中子星,甚至黑洞,以及星际稀薄气体和气体云,等等,这些暗物质都是由普通的重子物质构成的;此外还可能存在非重子暗物质,例如数量很大的中微子,中微子的运动速度接近光速 c,所以被称为热暗物质,中微子只要有几个 eV 的静质量,它就可对宇宙的平均密度有可观的贡献.另外还有热运动速度远小于光速 c 的冷暗物质,如超对称理论预言的普通粒子的超对称对应物等.暗物质问题是物理学中未解决的重要问题之一,它不仅关系到宇宙的结局,它还关系到宇宙结构的形成.宇宙究竟是会无限膨胀下去,还是会膨胀终将停止再加速收缩?以前的宇宙正经历一次爆炸而膨胀,还是宇宙已经历了不止一次的膨胀与收缩的循环?这些都有赖于物理学的进一步发展.

习 题

8.1 什么是宇宙原理?它对于宇宙模型的建立有何意义?它的观测支持是什么?

8.2 宇宙膨胀和宇宙大爆炸思想是如何提出来的?

8.3 简述宇宙的热演化史.

8.4 宇宙大爆炸的三大观测支持是什么?

8.5 宇宙的可能结局有哪几种?取决于什么条件?

8.6 什么是暗物质?

附录 A 关于波的两个反比关系

单色平面波 $a\mathrm{e}^{\mathrm{i}(kx-\omega t)}$ 是一个无限长的等幅波列,振幅为 a,它不能用来描述局限在比较狭窄区域内的波. 我们必须构建所谓波包,它是由一群波长略有不同的单色平面波叠加而成. 设叠加的波数范围由 $k_0-\dfrac{\Delta k}{2}$ 到 $k_0+\dfrac{\Delta k}{2}$,叠加而成的波函数为

$$\psi(x,t)=\int_{k_0-\frac{\Delta k}{2}}^{k_0+\frac{\Delta k}{2}} a\mathrm{e}^{\mathrm{i}(kx-\omega t)}\mathrm{d}k. \tag{1}$$

为简单起见,取 a 为常量,意思是叠加的各波的振幅都相同. 作为波动,式中的角频率 ω 和波数 k 之间存在着联系. 为了计算上述积分,我们设

$$k=k_0+(k-k_0), \tag{2}$$

并将 ω 值相对于 k_0 按 $(k-k_0)$ 的泰勒级数展开

$$\omega=\omega_0+\left(\frac{\mathrm{d}\omega}{\mathrm{d}k}\right)_0(k-k_0)+\cdots=\omega_0+\omega'(k-k_0)+\cdots. \tag{3}$$

把(2)、(3)式代入(1)式得

$$\psi(x,t)=\int_{k_0-\frac{\Delta k}{2}}^{k_0+\frac{\Delta k}{2}} a\exp\{\mathrm{i}[k_0 x+(k-k_0)x-\omega_0 t-\omega'(k-k_0)t]\}\mathrm{d}k. \tag{4}$$

令 $\xi=k-k_0$,则 $\mathrm{d}\xi=\mathrm{d}k$;并令 $\alpha=x-\omega't$,则(4)式化为

$$\begin{aligned}\psi(x,t)&=a\mathrm{e}^{\mathrm{i}(k_0 x-\omega_0 t)}\int_{-\Delta k/2}^{\Delta k/2}\mathrm{e}^{\mathrm{i}\alpha\xi}\mathrm{d}\xi\\ &=\frac{a}{\mathrm{i}\alpha}\mathrm{e}^{\mathrm{i}(k_0 x-\omega_0 t)}\cdot \left.\mathrm{e}^{\mathrm{i}\alpha\xi}\right|_{-\Delta k/2}^{\Delta k/2}\\ &=\frac{a}{\mathrm{i}\alpha}\mathrm{e}^{\mathrm{i}(k_0 x-\omega_0 t)}\left[\mathrm{e}^{\mathrm{i}\alpha\cdot\frac{\Delta k}{2}}-\mathrm{e}^{-\mathrm{i}\alpha\cdot\frac{\Delta k}{2}}\right]\\ &=a\frac{\sin\dfrac{1}{2}(x-\omega't)\Delta k}{\dfrac{1}{2}(x-\omega't)}\cdot \mathrm{e}^{\mathrm{i}(k_0 x-\omega_0 t)}.\end{aligned} \tag{5}$$

这是一个振幅依赖于坐标 x 和时间 t 的平面波,其实部如图 A-1 所

示的波包,随着时间的推移向 x 正方向传播.

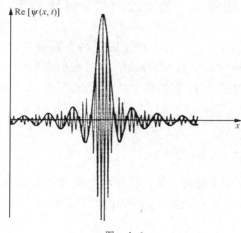

图 A-1

对于给定的时刻 t,波包中振幅最大处的 $x=x_1$ 满足的条件是

$$\frac{1}{2}(x_1 - \omega't)\Delta k = 0, \tag{6}$$

波包紧邻的振幅为零的点的坐标 $x=x_2$ 满足的条件是

$$\frac{1}{2}(x_2 - \omega't)\Delta k = \pi, \tag{7}$$

两者之间的距离为

$$\Delta x = x_2 - x_1 = \frac{2\pi}{\Delta k},$$

反映了波包振幅不为零区域的大小. 由此可以看出,

$$\Delta x \Delta k \sim 2\pi, \tag{8}$$

即波包的大小与叠加的波数范围成反比,叠加的波数范围越宽,则波包的空间范围越窄. 类似地给定 x 之后,可得

$$\Delta t \Delta \omega \sim 2\pi, \tag{9}$$

即振幅不为零的时间间隔与叠加的角频率范围成反比,叠加的角频率范围越宽,则波包振幅明显不为零的时间区域越窄.

附录 B 基本物理常量

量	符号	数 值	单 位	相对标准不确定度
光速	c	299 792 458	m/s	定义值
真空磁导率	μ_0	$4\pi = 12.566\,370\,614\cdots$	10^{-7} N/A^2	定义值
真空介电常量 $1/\mu_0 c^2$	ε_0	$8.854\,187\,817\cdots$	10^{-12} F/m	定义值
万有引力常量	G	6.674 28(67)	10^{-11} m^3/(kg·s^2)	1.0×10^{-4}
普朗克常量	h	6.626 068 96(33)	10^{-34} J·s	5.0×10^{-8}
约化普朗克常量	$\hbar$	1.054 571 628(53)	10^{-34} J·s	5.0×10^{-8}
基本电荷	e	1.602 176 487(40)	10^{-19} C	2.5×10^{-8}
磁通量子 $h/2e$	Φ_0	2.067 833 667(52)	10^{-15} Wb	2.5×10^{-8}
电导量子 $2e^2/h$	G_0	7.748 091 700 4(53)	10^{-5} S	6.8×10^{-10}
电子质量	m_e	9.109 382 15(45)	10^{-31} kg	5.0×10^{-8}
质子质量	m_p	1.672 621 637(83)	10^{-27} kg	5.0×10^{-8}
质子-电子质量比	m_p/m_e	1 836.152 672 47(80)		4.3×10^{-10}
精细结构常量	α	7.297 352 537 6(24)	10^{-3}	6.8×10^{-10}
精细结构常量的倒数	α^{-1}	137.035 999 679(94)		6.8×10^{-10}
里德伯常数	R_∞	10 973 731.568 552 7(73)	m^{-1}	6.6×10^{-12}
阿伏伽德罗常量	N_A	6.022 141 79(30)	10^{23}/mol	5.0×10^{-8}
法拉第常量	F	96 485.339 3(24)	C/mol	2.5×10^{-8}
摩尔气体常量	R	8.314 472(15)	J/(mol·K)	1.7×10^{-6}
玻尔兹曼常量	k_B	1.380 650 4(24)	10^{-23} J/K	1.7×10^{-6}
斯特藩-玻尔兹曼常量	σ	5.670 400(40)	10^{-8} W/(m^2·K^4)	7.0×10^{-6}
电子伏	eV	1.602 176 487(40)	10^{-19} J	2.5×10^{-8}
原子质量单位	u	1.660 538 782(83)	10^{-27} kg	5.0×10^{-8}

根据国际科技数据委员会(CODATA)2006 年正式发表的推荐值。

附录 C 元素周期表

1 H 1.008																	2 He 4.003
3 Li 6.941	4 Be 9.012											5 B 10.811	6 C 12.011	7 N 14.007	8 O 15.999	9 F 18.998	10 Ne 20.180
11 Na 22.990	12 Mg 24.305											13 Al 26.981	14 Si 28.086	15 P 30.974	16 S 32.066	17 Cl 35.453	18 Ar 39.948
19 K 39.098	20 Ca 40.078	21 Sc 44.956	22 Ti 47.88	23 V 50.942	24 Cr 51.996	25 Mn 54.938	26 Fe 55.847	27 Co 58.933	28 Ni 58.69	29 Cu 63.546	30 Zn 65.39	31 Ga 69.723	32 Ge 72.61	33 As 74.922	34 Se 78.96	35 Br 79.904	36 Kr 83.80
37 Rb 85.468	38 Sr 87.62	39 Y 88.906	40 Zr 91.224	41 Nb 92.906	42 Mo 95.94	43 Tc	44 Ru 101.07	45 Rh 102.91	46 Pd 106.42	47 Ag 107.87	48 Cd 112.41	49 In 114.82	50 Sn 118.71	51 Sb 121.75	52 Te 127.60	53 I 126.90	54 Xe 131.29
55 Cs 132.91	56 Ba 137.33	57-71 镧系	72 Hf 178.49	73 Ta 180.95	74 W 183.85	75 Re 186.21	76 Os 190.2	77 Ir 192.22	78 Pt 195.08	79 Au 196.97	80 Hg 200.59	81 Tl 204.38	82 Pb 207.2	83 Bi 208.98	84 Po	85 At	86 Rn
87 Fr	88 Ra	89-103 锕系	(104) Rf	(105) Db	(106) Sg	(107) Bh	(108) Hs	(109) Mt	(110) Ds	(111) Rg	(112) Uub		(114) Uuq				

化学符号 Z 原子量

镧系	57 La 138.91	58 Ce 140.12	59 Pr 140.91	60 Nd 144.24	61 Pm	62 Sm 150.36	63 Eu 151.97	64 Gd 157.25	65 Tb 158.93	66 Dy 162.50	67 Ho 164.93	68 Er 167.26	69 Tm 168.93	70 Yb 173.04	71 Lu 174.97
锕系	89 Ac	90 Th 232.04	91 Pa	92 U 238.03	93 Np	94 Pu	95 Am	96 Cm	97 Bk	98 Cf	99 Es	100 Fm	101 Md	102 No	103 Lw

部分习题答案

第 1 章

1.1 (1) 1.25×10^{-7} s；(2) 2.25×10^{-7} s

1.2 (1) $-0.5c$；(2) $\sqrt{3}\dfrac{x_0}{c}$

1.3 -1.34×10^9 m

1.4 -5.77×10^{-6} s

1.5 (1) $\sqrt{\dfrac{1-\beta}{1+\beta}}l$；(2) $\sqrt{\dfrac{1-\beta}{1+\beta}}\dfrac{l}{c}$

1.6 (1) 2.00×10^7 m/s；(2) 4.99×10^{-6} s

1.7 (1) 12:50；(2) 7.2×10^{11} m；(3) 13:30；(4) 16:30

1.8 25 天

1.9 $0.992c$，$0.213c$

1.10 9.1%

1.11 7.5×10^{-17}，7.5×10^{-13}，8.3×10^{-10}，7.5×10^{-3}，0.61

1.12 (1) 4.6×10^{-8} s；(2) 6.7 m

1.14 (1) 2.0×10^3 V；(2) 2.7×10^7 m/s

1.15 (1) $\dfrac{c}{n+1}\sqrt{n(n+2)}$；(2) $mc\sqrt{n(n+2)}$

1.16 5.5 MeV

1.17 $\dfrac{h\nu c}{h\nu+m_0c^2}$

第 2 章

2.1 1.42×10^3 K

2.2 8280 K

2.3 2.8 μm

2.4 4.1

2.5 (1) 2.90 Å；(2) 4.29 keV

2.6 1.24×10^{-7} eV, 0.497 eV, 2.49 eV, 4.44 eV, 1.24×10^4 eV

2.7 (1) 2.26 eV；(2) 0.33 V

2.8 (1) 5.4×10^{-7} m；(2) 0.81 eV；(3) 0；(4) 0.81 V

2.10 (1) 2.0 eV；(2) 2.0 V；(3) 296 nm

2.11 0.024 Å；(2) 0.12

2.12 0.10 MeV

2.13 79.4 keV，185 keV，256 keV

2.14 0.044 Å，65°

2.15 6563 Å，4862 Å，4341 Å，4102 Å

2.16 莱曼线系 972 Å，1025 Å，1215 Å；
巴耳末线系 4862 Å，6563 Å；
帕邢线系 1.88 μm

2.17 4.86×10^3 Å

2.18 4.07 m/s

2.19 54.4 eV, 40.8 eV, 48.4 eV, 30.4 nm, 91.1 nm, 0.0265 nm

2.20 2.004

2.21 529 nm，1.36 meV，0.268 meV

2.22 5.486 865 5×10^6 m^{-1}，6.8 eV，1.038 Å

2.23 $\dfrac{207me^4}{2(4\pi\varepsilon_0)^2\hbar^2}\cdot\dfrac{1}{n^2}$，$\dfrac{4\pi\varepsilon_0\hbar^2}{207me^2}$，5.87 Å

第 3 章

3.1 0.123 Å，9.06×10^{-4} Å

3.2 3.3×10^{-24} kg·m/s；6.2 keV，37 eV

3.3 222 V

3.5 (1) 6.69×10^{-19} Å；(2) 32 Å

3.6 3.0 cm

3.7 19.8 MeV

3.8 5.3×10^{-8} s

3.9 (1) 152 eV；(2) 1.21×10^{-7} N

3.10 0.81 nm

部分习题答案

3.12 $\dfrac{\hbar^2}{ma^2}\dfrac{x^2}{(x^2-a^2)}$

3.13 $\dfrac{\hbar^2\alpha^4 x^2}{2m}$

3.14 (a) 有限深方势阱；(b) 无限深方势阱；(c) 谐振子势

3.15 (a) 势垒，$E<U_0$；(b) 势阶，$E>U_0$

3.16 $\dfrac{1}{4}\hbar\omega$，$\dfrac{1}{4}\hbar\omega$

3.17 $\dfrac{3}{2}a_0$，$-\dfrac{1}{4\pi\varepsilon_0}\dfrac{e^2}{a_0}$